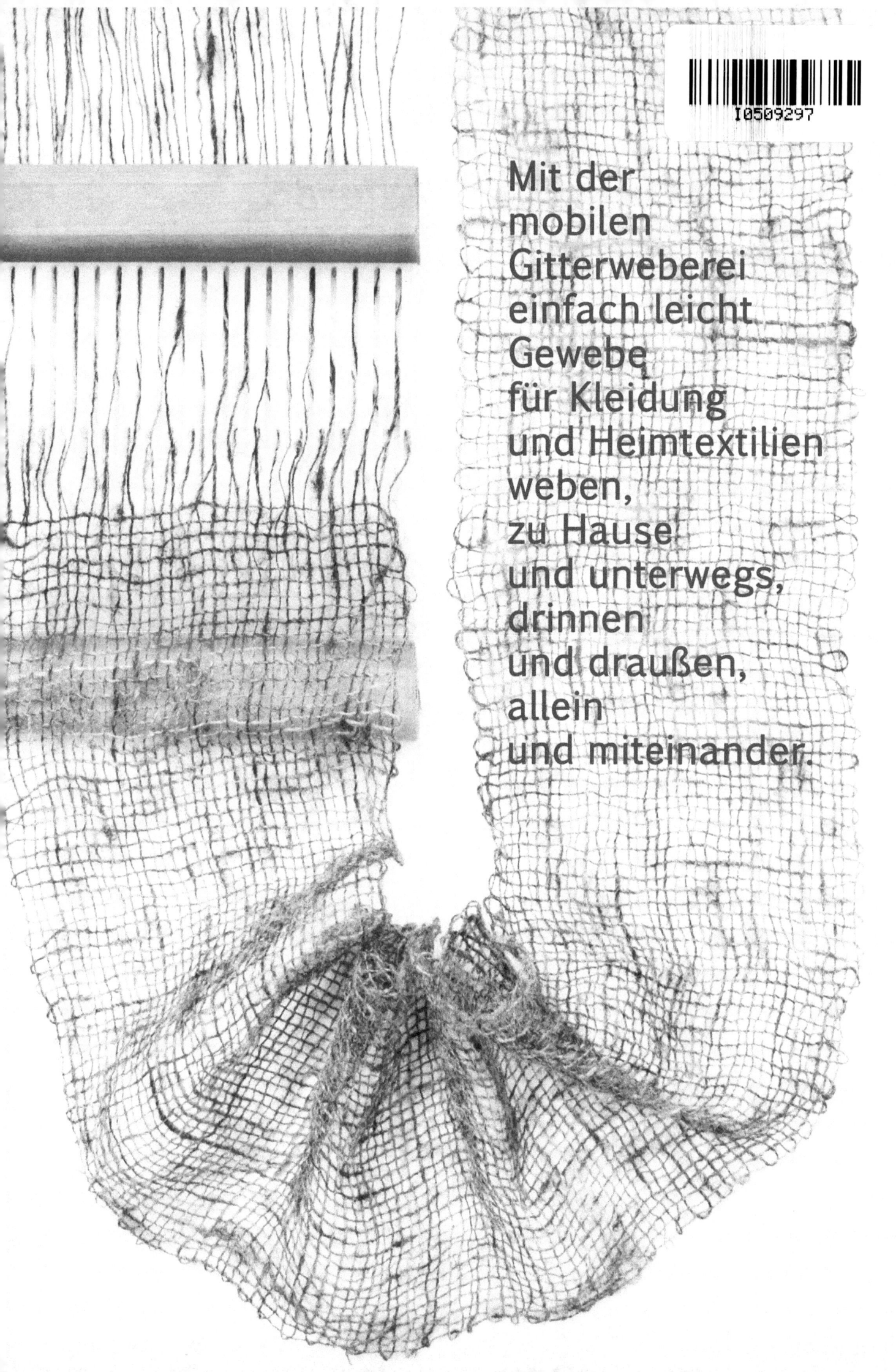

Mit der mobilen Gitterweberei einfach leicht Gewebe für Kleidung und Heimtextilien weben, zu Hause und unterwegs, drinnen und draußen, allein und miteinander.

Die Gitterweberei

40/10

ist die einfachste Webart

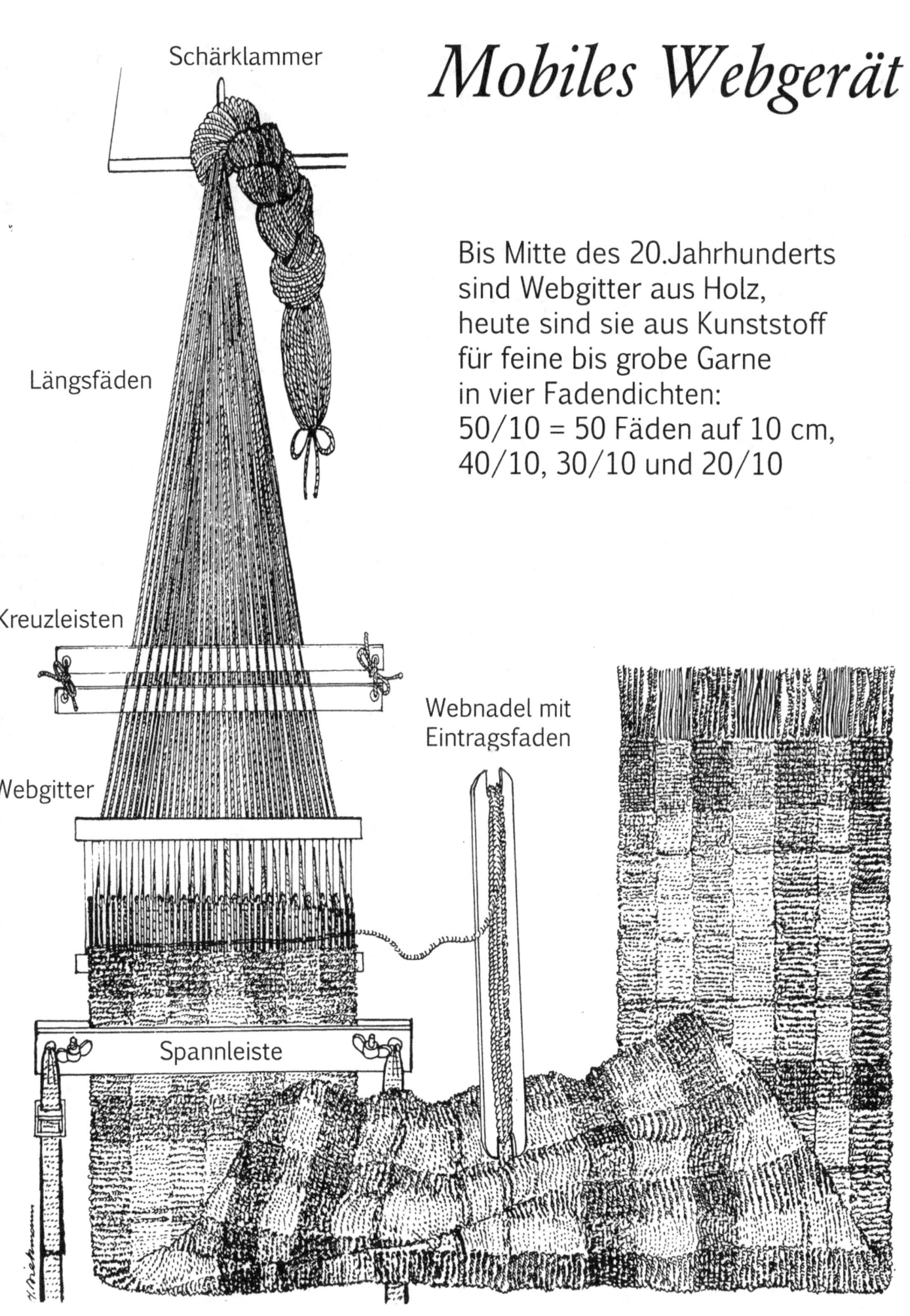

Mobiles Webgerät

Bis Mitte des 20. Jahrhunderts sind Webgitter aus Holz, heute sind sie aus Kunststoff für feine bis grobe Garne in vier Fadendichten:
50/10 = 50 Fäden auf 10 cm,
40/10, 30/10 und 20/10

Seit 1977 zeige ich, Christel Diekmann, Menschen jeden Alters das mobile Gitterweben für Schule und Freizeit.

Effektgarn

Lauflänge 60 m/50 g   41% Polyamid, 41% Polyacryl, 18% Polyester

Eintragsfaden meliertes Seidengarn

1 hell 1 dunkel im Wechsel

Fadenende zurückstopfen

oder in die Webkante

Querstriche und Querstreifen mit Flächen aus einfarbigen Längs- und Eintragsfäden

Flächenmuster

mit

Effektgarn

LL 85m / 50g

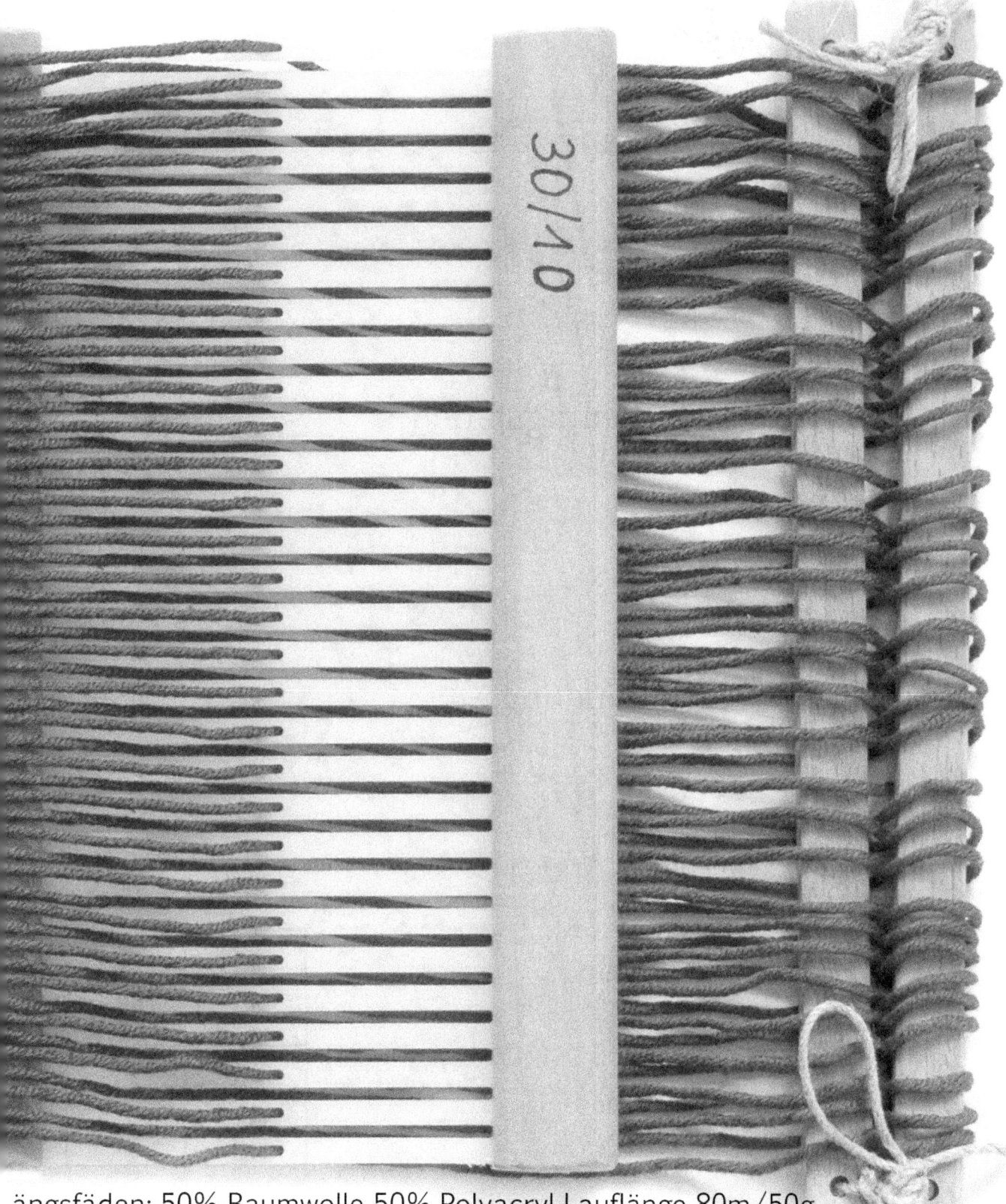

Längsfäden: 50% Baumwolle 50% Polyacryl Lauflänge 80m/50g

Eintragsfaden Effektgarn Lauflänge 85m/50g

Das Gewebe

entsteht aus den   Längsfäden

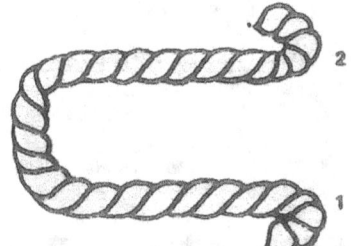

und dem

meist fortlaufenden   Eintragsfaden

Die Verkreuzung heißt   Bindung

Die Kreuzungsstellen
beider Fadensysteme

liegen   **unter-**

     und

     über-
einander

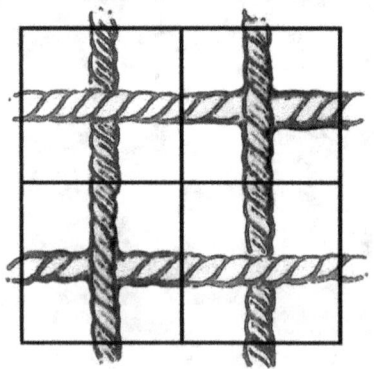

Die Werkzeichnung ist
das vergrößerte
Gewebebild.

Längsfäden
unter
Eintragsfaden = **weiss**

Längsfäden
über
Eintragsfaden = **schwarz**

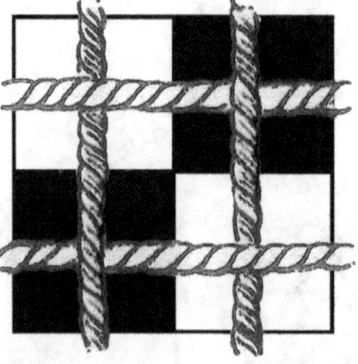

Webgitter 20/10

20 Fäden auf 10 cm

Schlitz-
reihe

Loch-
reihe

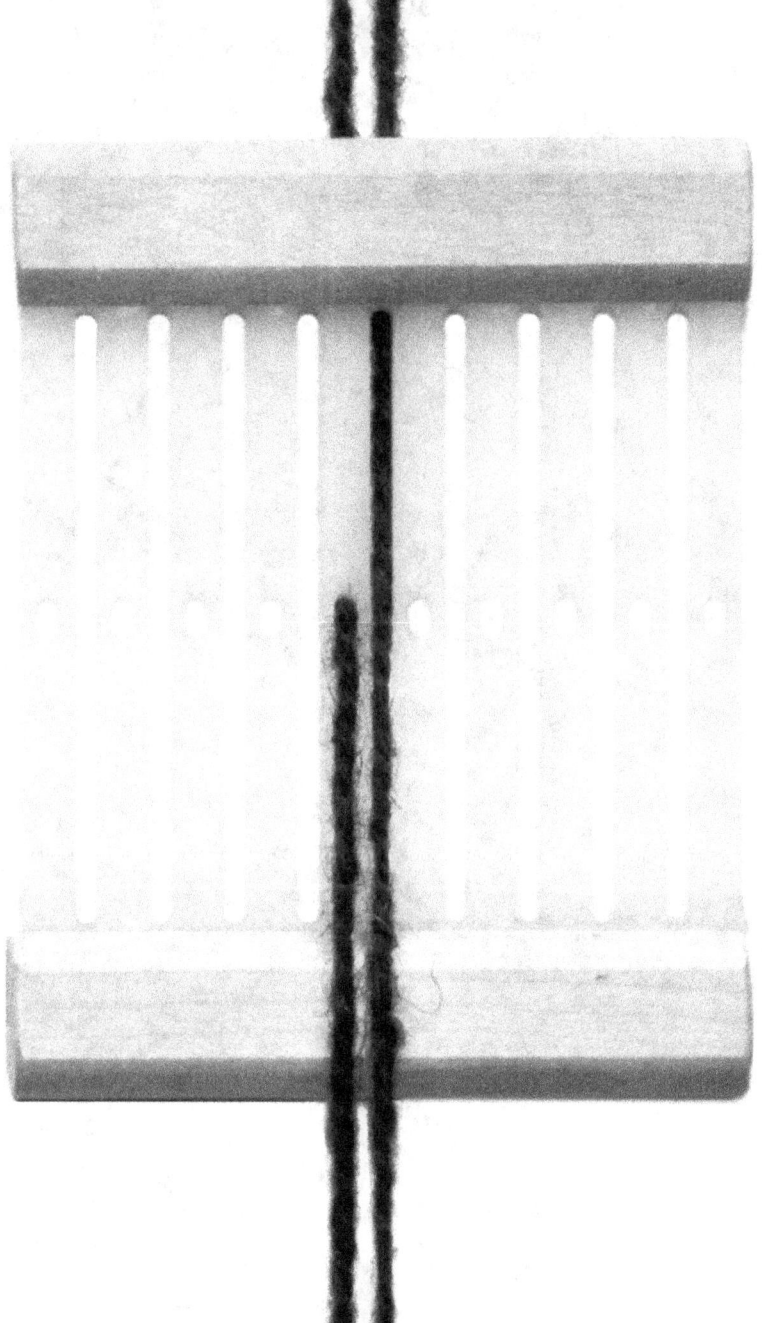

Leinwandbindung

- 2 anders kreuzende Längsfäden

- die einen in die Löcher

- die anderen in die Schlitze

mit dunklem Eintrag

Längsstriche und -streifen

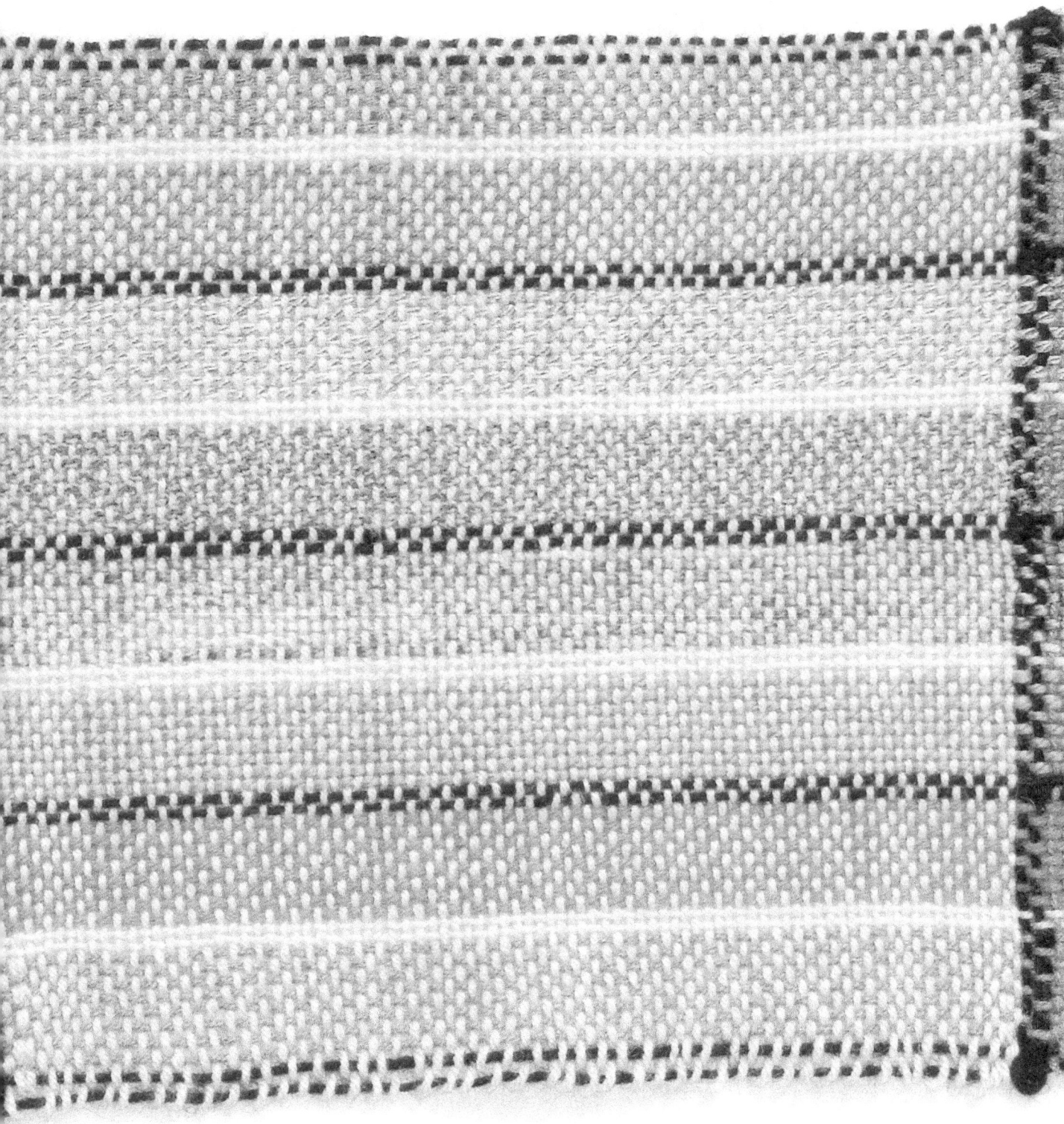

mit hellem Eintrag

Streifenkaro mit dunklem und hellem Strichkaro

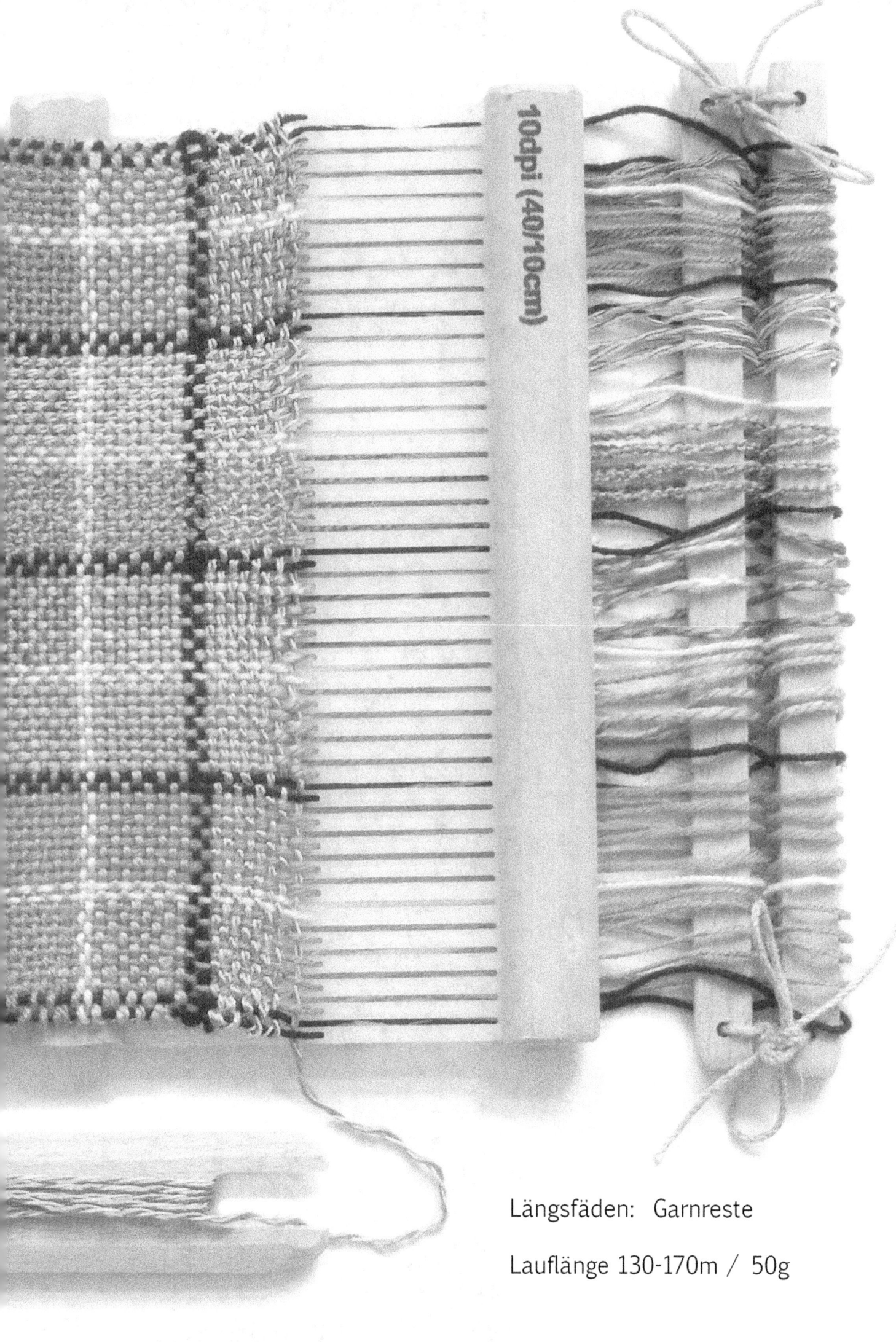

Längsfäden: Garnreste

Lauflänge 130-170m / 50g

Leinwandbindung

Werkzeichnung

Webgitter 20/10

20 Fäden auf 10 cm

- einfachste Fadenverkreuzung in Geweben

- kleinstes Musterelement aus 2 Längs- und 2 Eintragsfäden

- beide Gewebeseiten sehen gleich aus

Webnadel

Die Webnadel aus einer 5 x 30 mm starken Buchenholzleiste hat die Länge der Webgitterbreite.

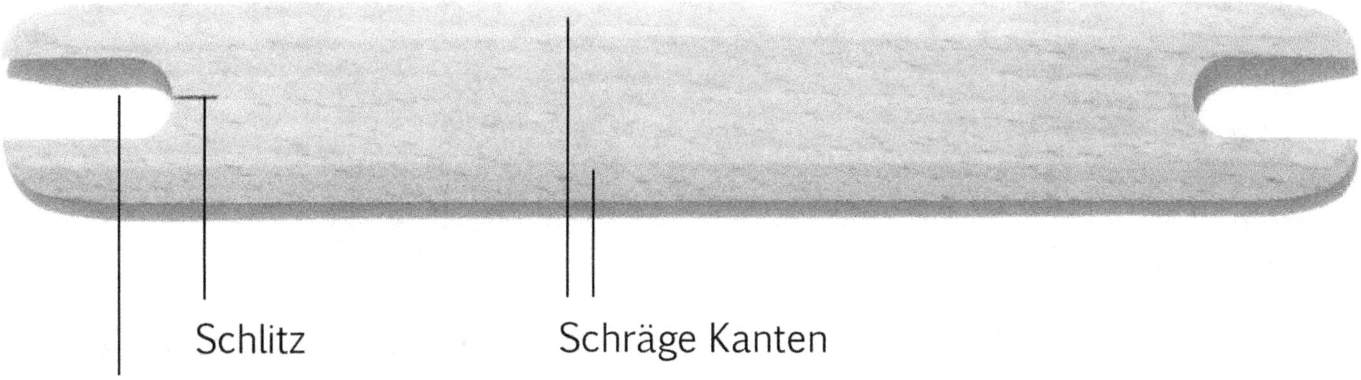

Schlitz — Schräge Kanten

12 x 23 mm

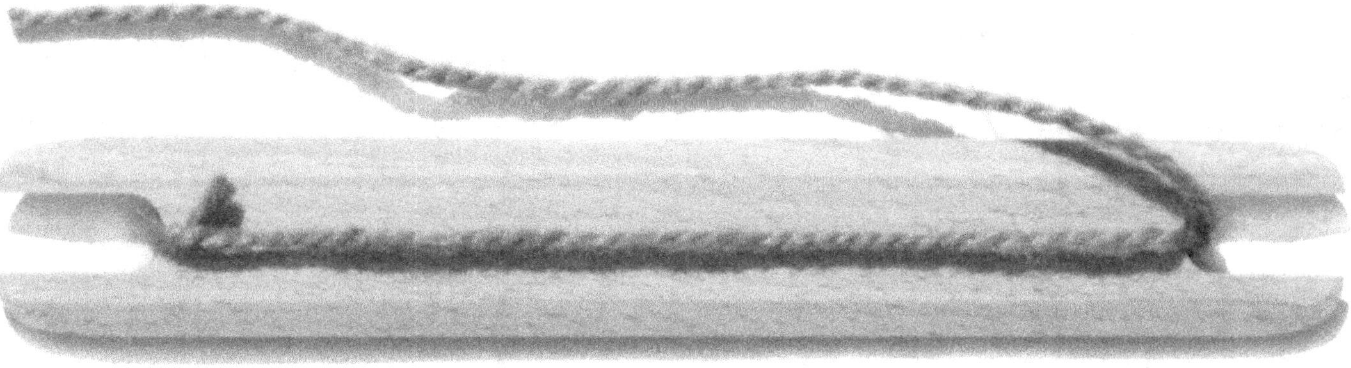

Garnanfang kurz in den Schlitz festklemmen

Garn immer fest aufwickeln

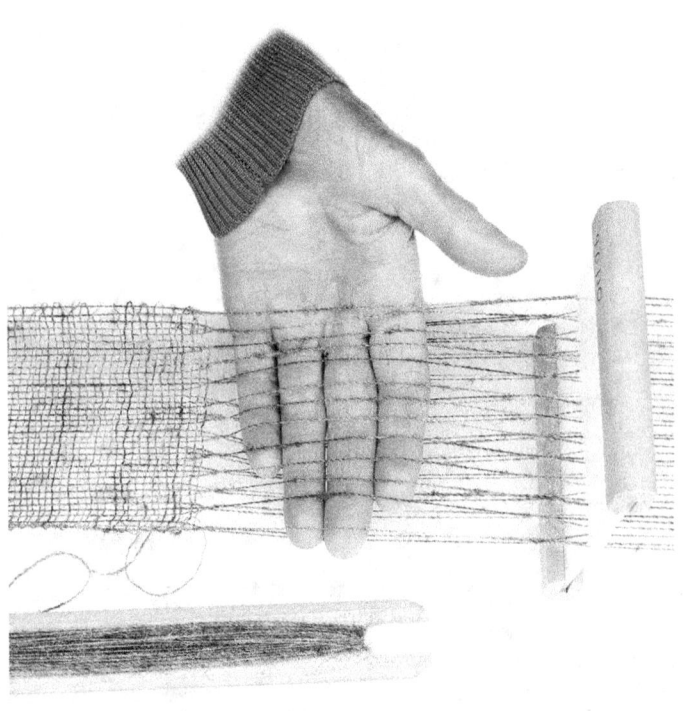
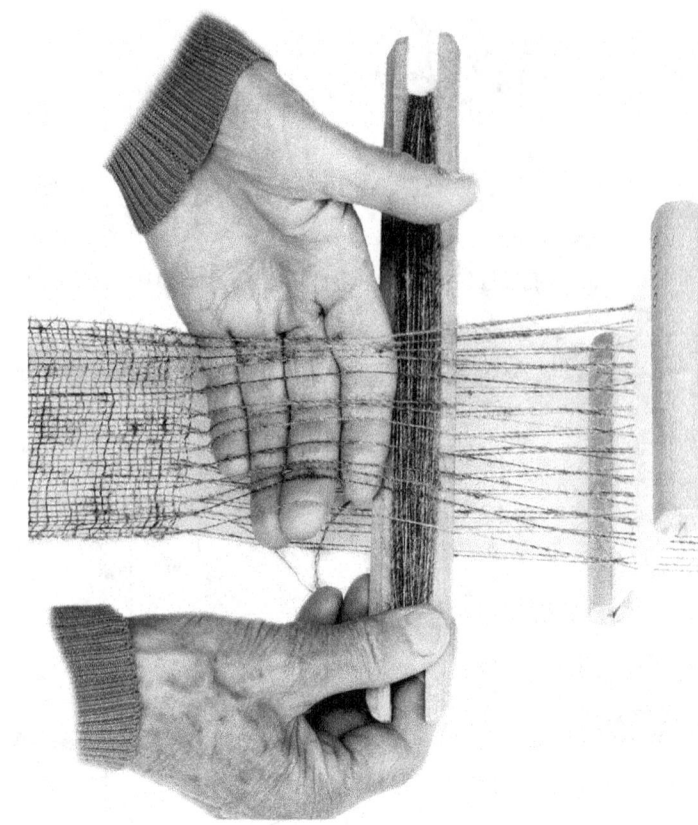

Faden 1+3 über 2 kreuzen –
Faden 2 für Fachbildung
auf die Hand nehmen

Webnadel eintragen

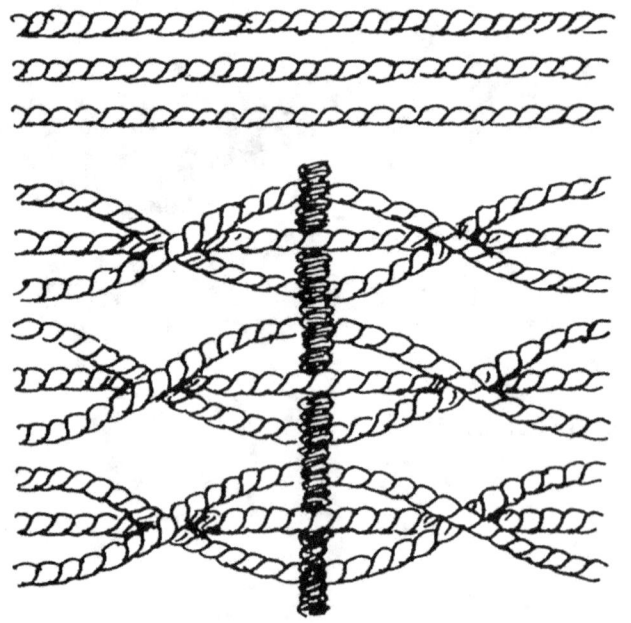
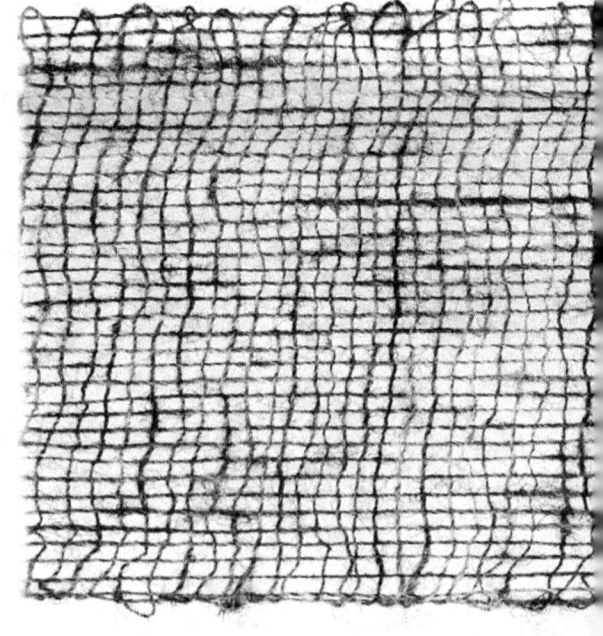

Drehergewebe

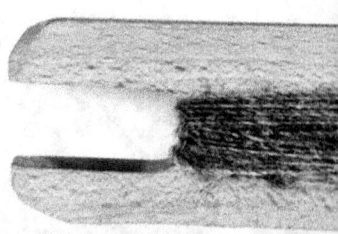

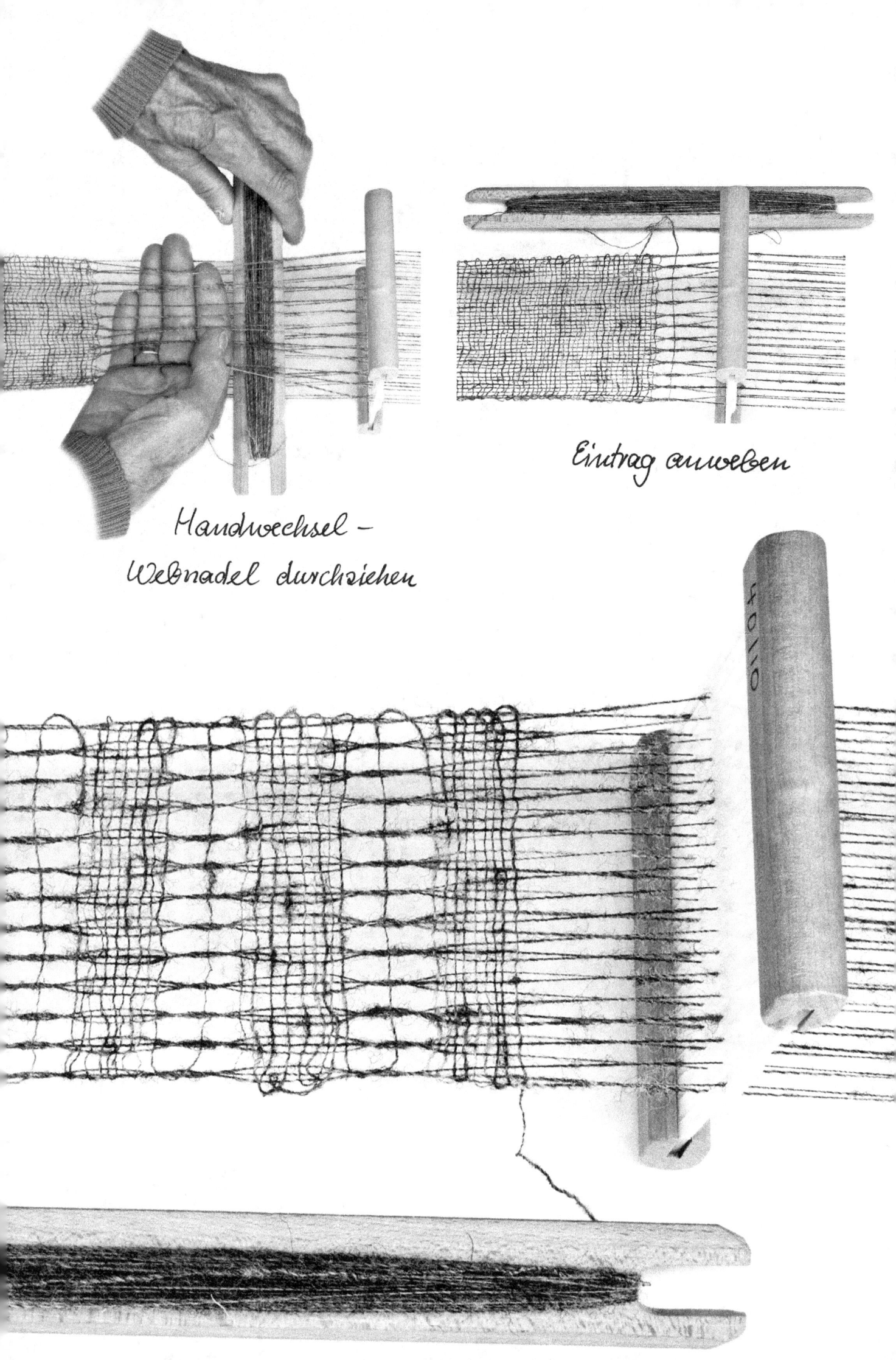

Handwechsel – Webnadel durchziehen

Eintrag anweben

Flächenmuster aus bedruckter Sockenwolle

Eintragsfaden bedruckte Sockenwolle

Eintragsfaden bedruckte Sockenwolle

Eintragsfaden meliertes Seidengarn

Eintragsfaden einfarbiges Garn

Längsfäden bedruckte Sockenwolle

75% Schurwolle   25% Polyacryl

Lauflänge 420m/100g

Schärklammer

über 4 Schärklammern werden die Längsfäden zu einer geordneten Menge geschart.

Kreuzleisten

Die Kreuzleisten aus ca. 5x15 mm starkem Buchenholz haben die Länge der Webgitterbreite

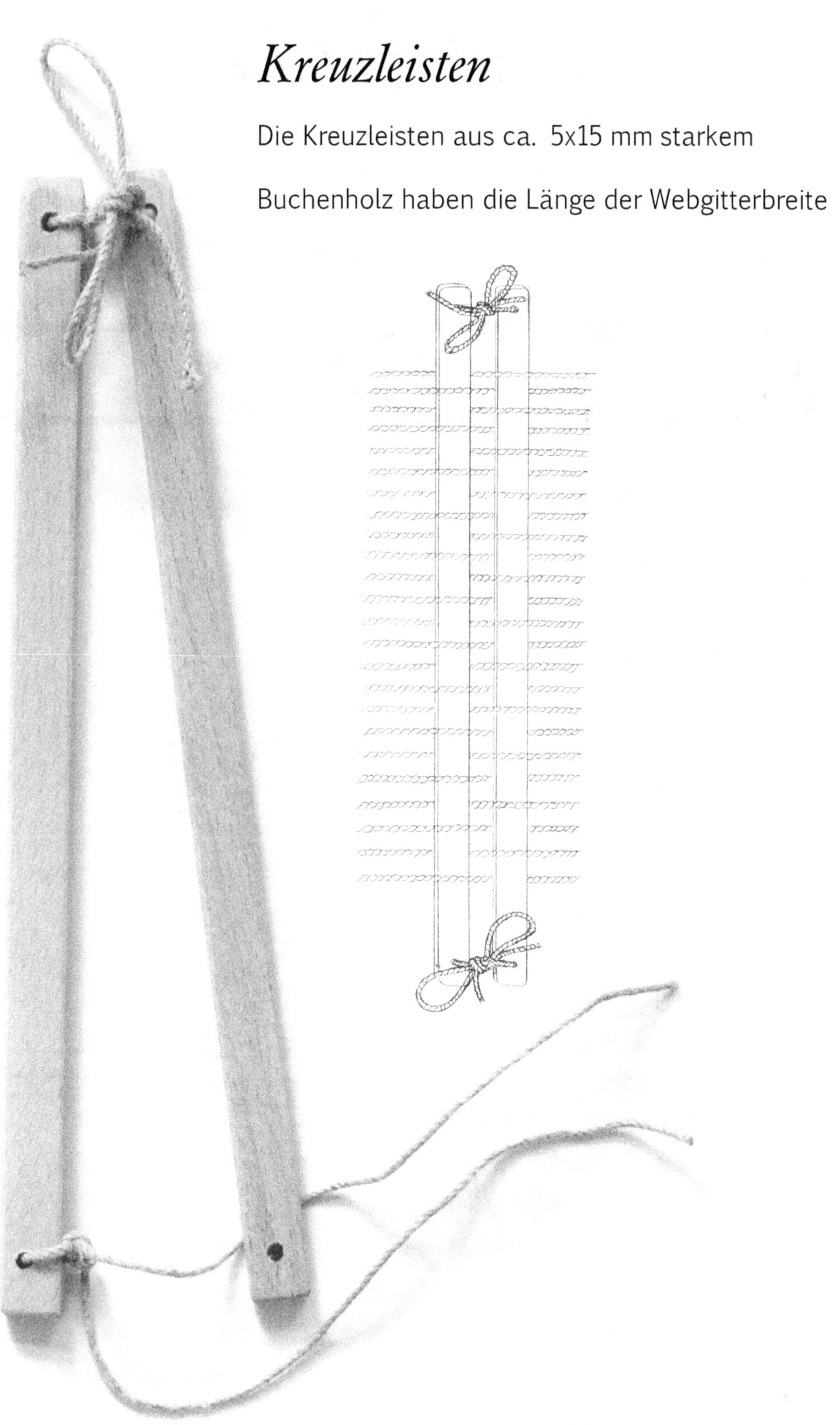

Längsfäden

Anfang   Fadenkreuz

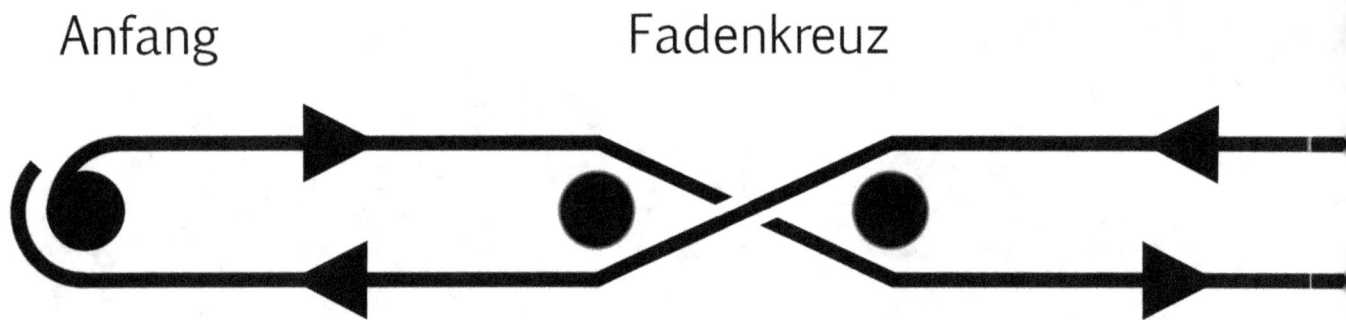

Faden in Pfeilrichtung um die Schärklammern führen

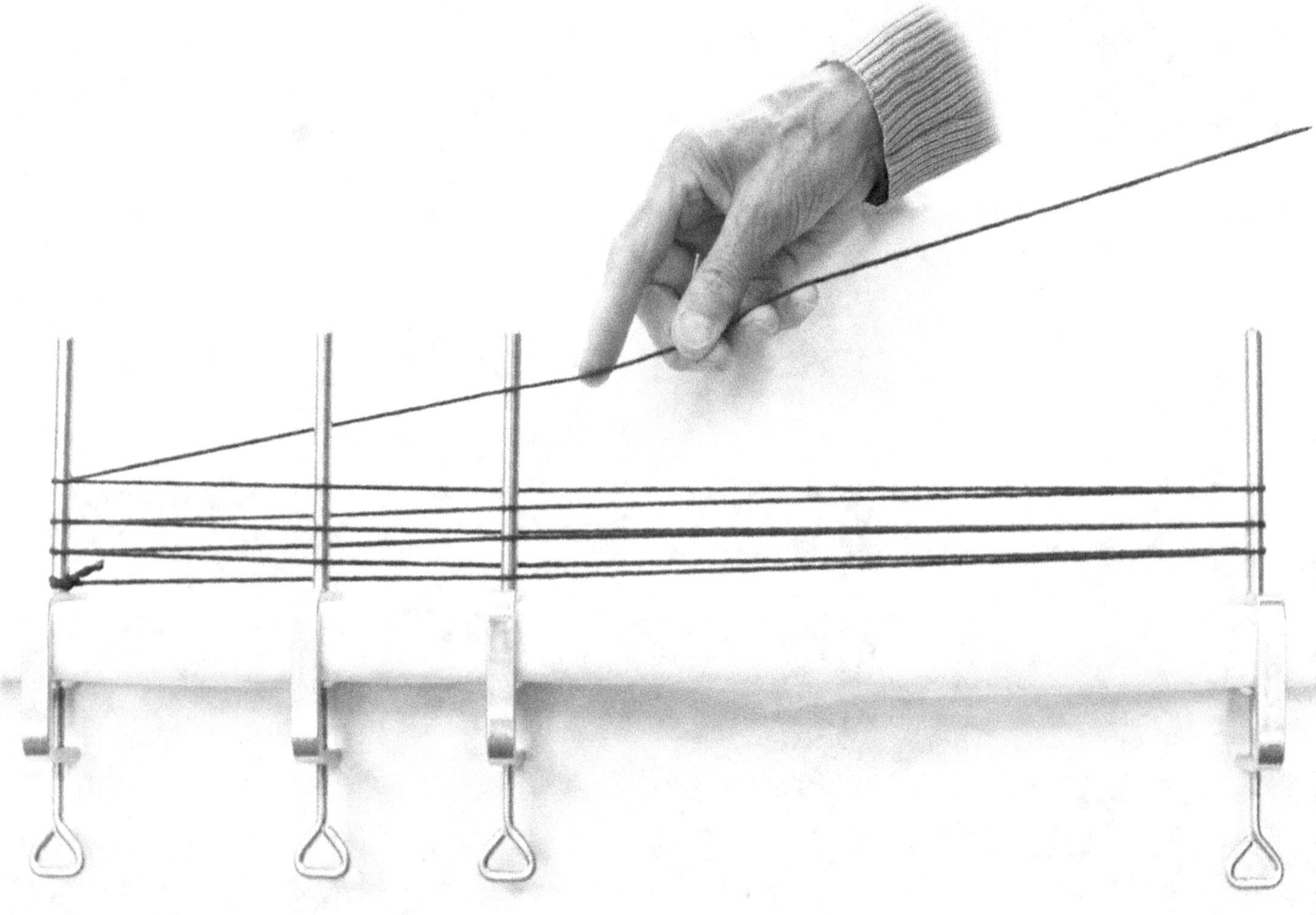

Anfang   Fadenkreuz   Ende

Faden für Faden über ein Fadenkreuz zu einer geordneten Menge scharen (schären)

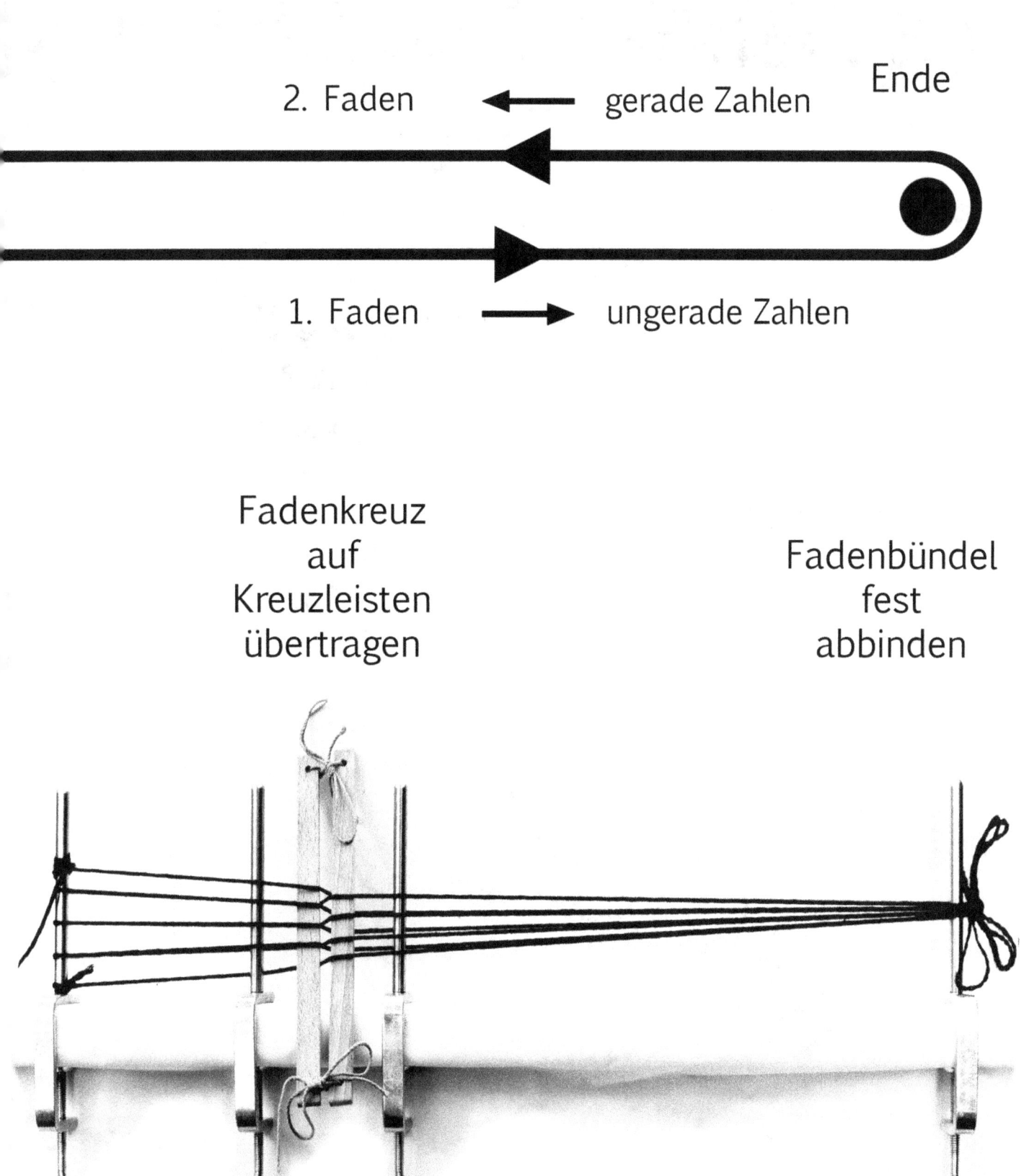

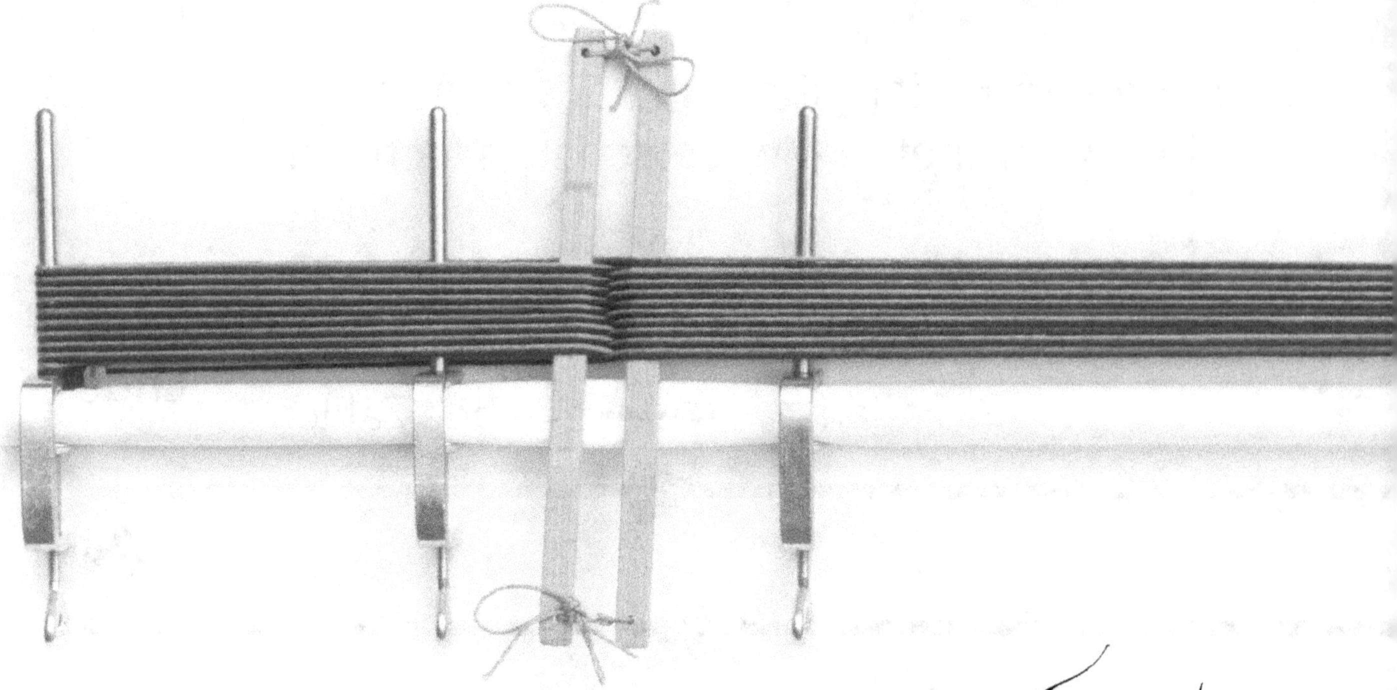

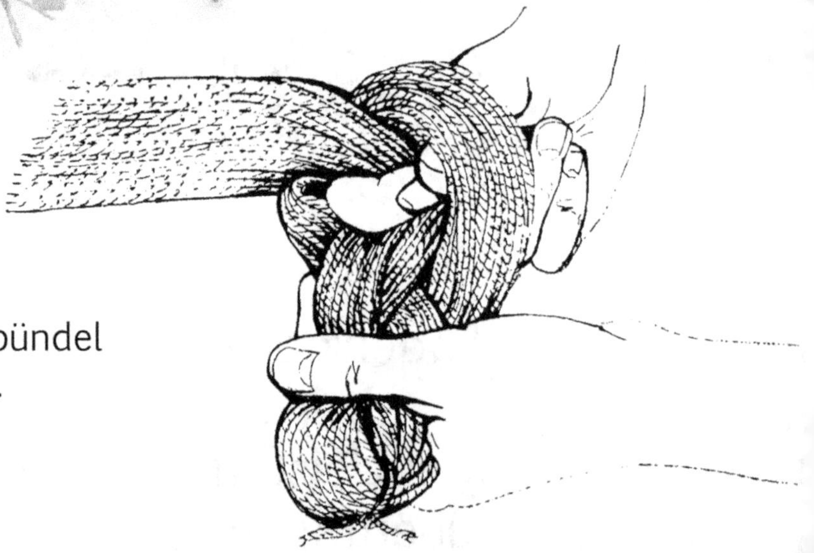

3. Das gespannte Fadenbündel durch die Schlaufe häkeln.

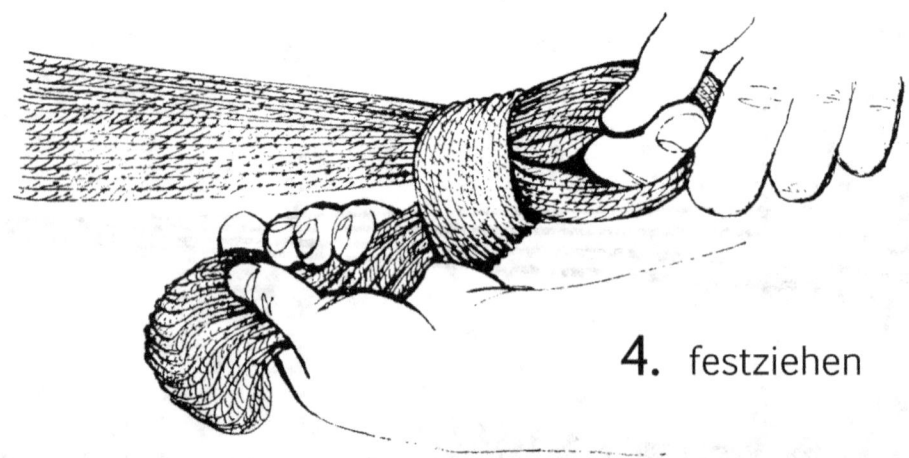

4. festziehen

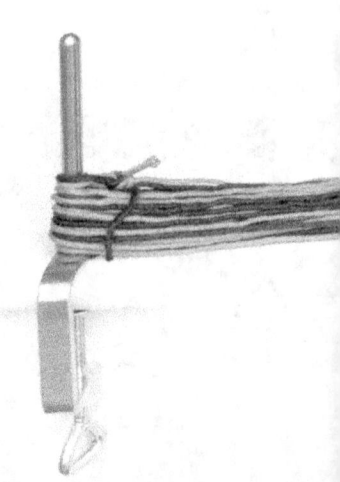

Arbeitsgänge **2 bis 4** wiederholen

Längsfäden aufhäkeln

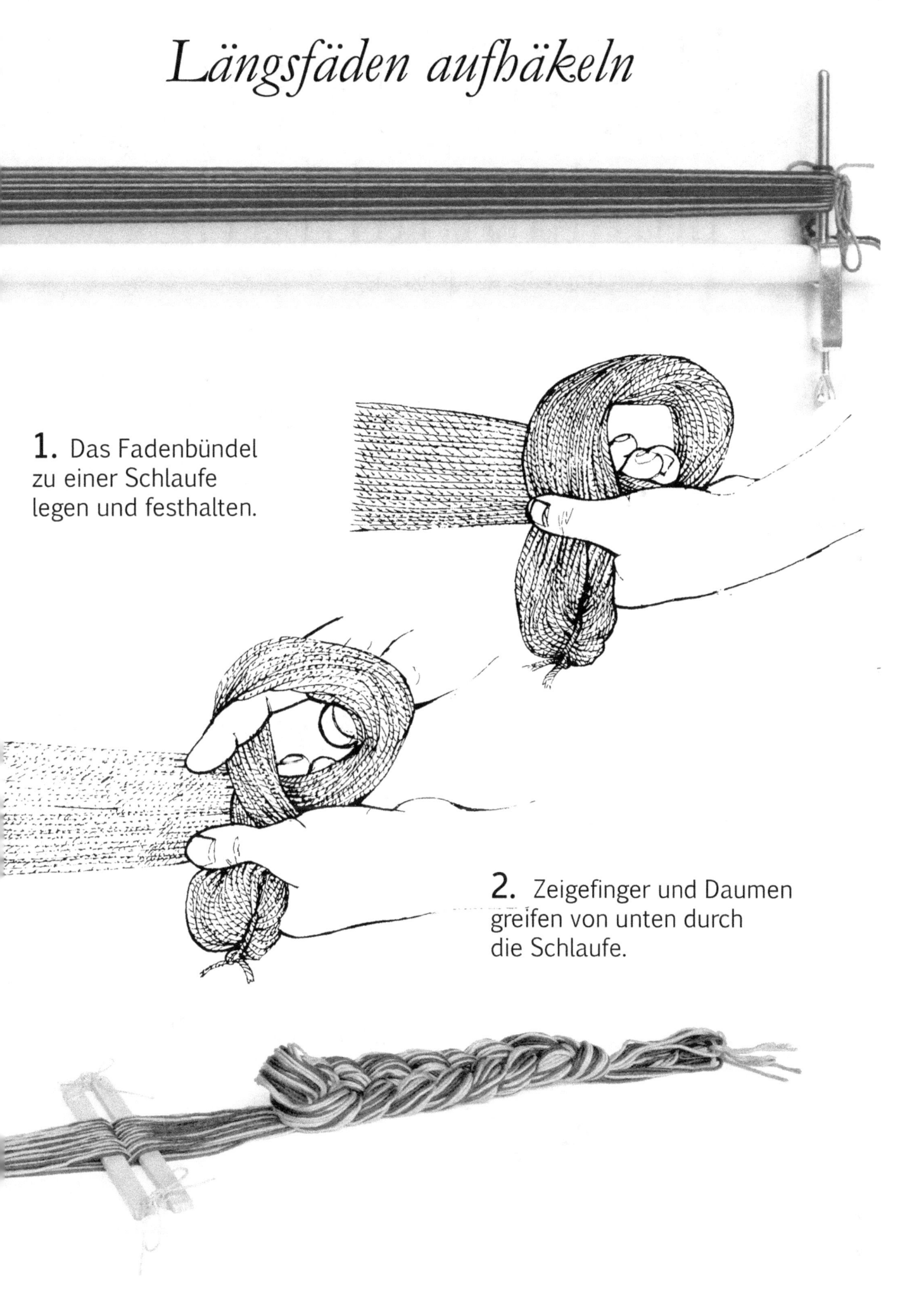

1. Das Fadenbündel zu einer Schlaufe legen und festhalten.

2. Zeigefinger und Daumen greifen von unten durch die Schlaufe.

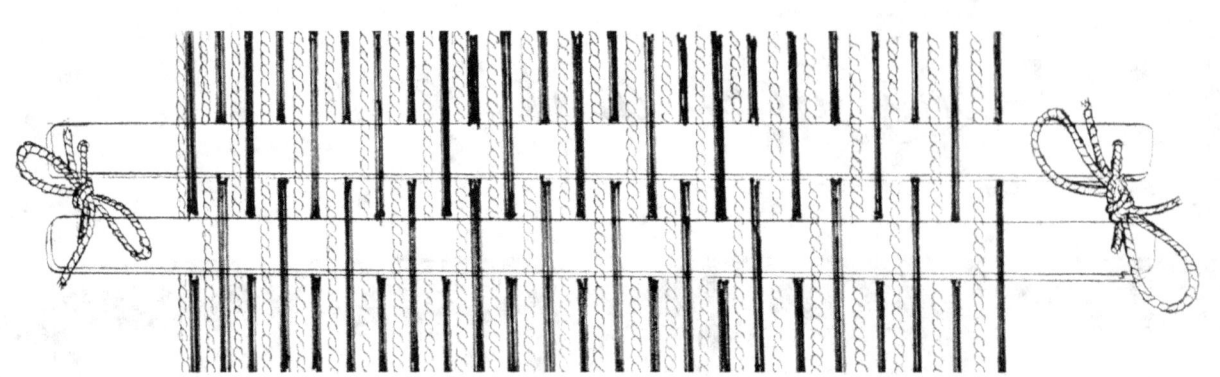

Doppeltes Fadenkreuz

Längsfäden mit 2 Fäden schären - 1 hell 1 dunkel

Längsfäden einziehen

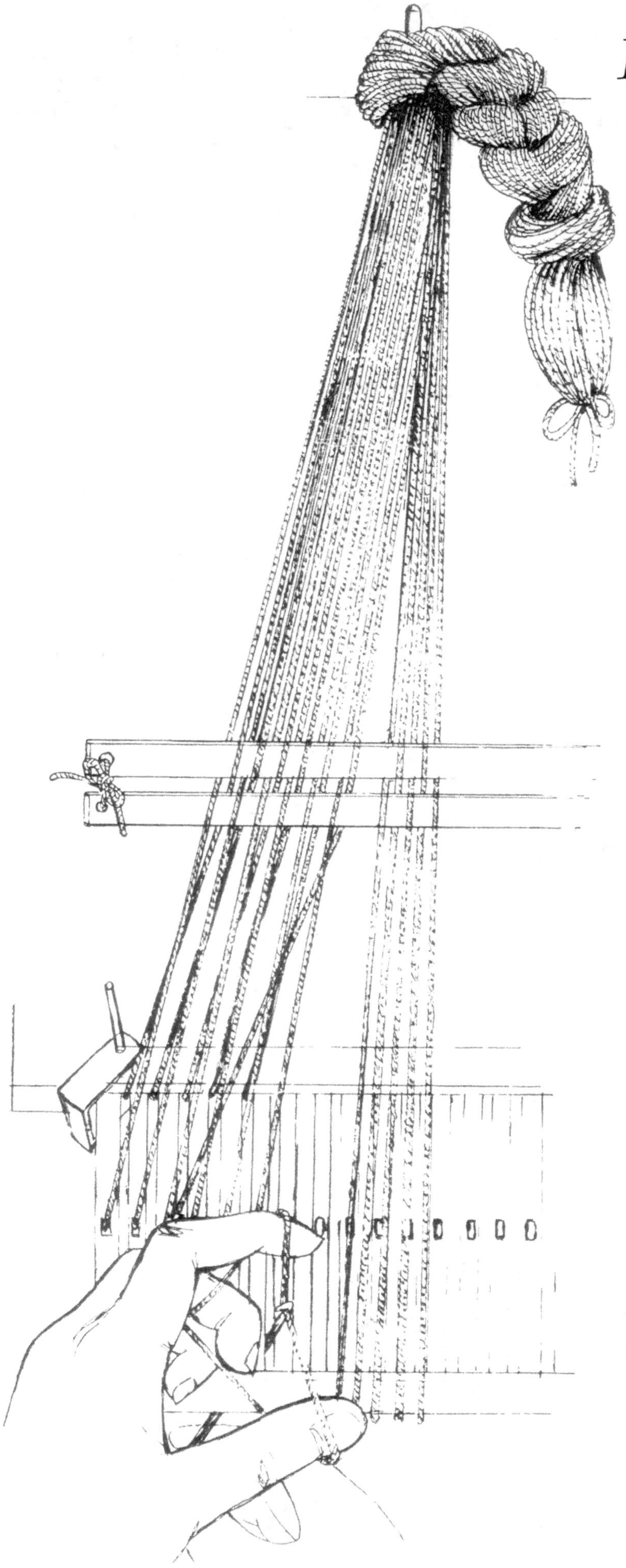

Mit Häkelnadel (Nr. 1,5) Längsfäden in Loch und Schlitz des Webgitters einziehen.

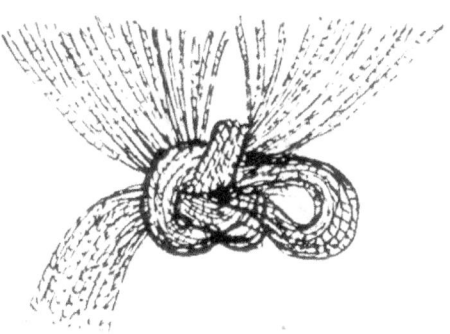

Danach sofort Längsfäden absichern.

Spannleiste

Die Spannleiste hat zwischen den Schrauben Webgitterbreite.

Sie besteht aus 2 Buchenholz-Falzleisten 15 x 25 mm.

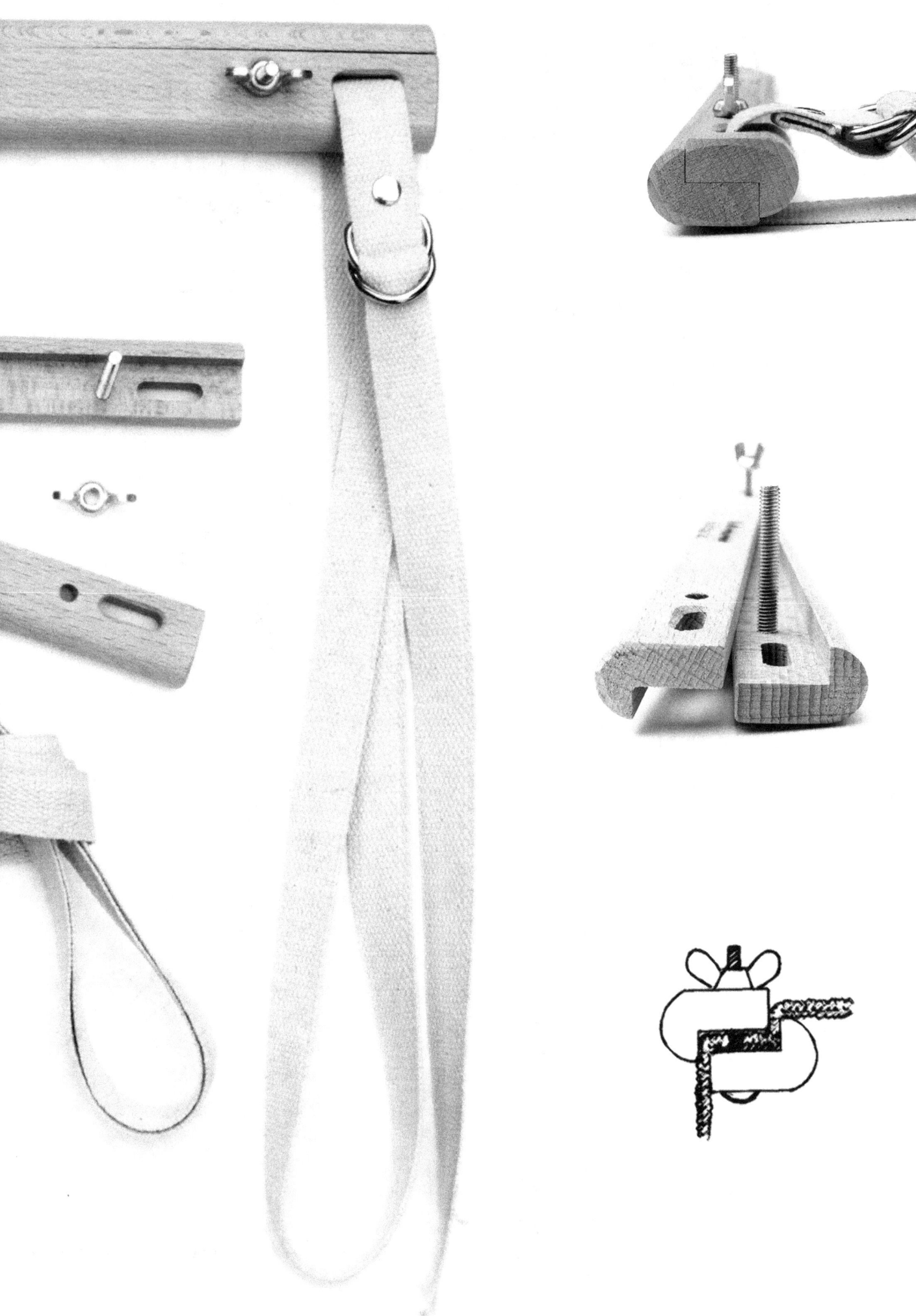

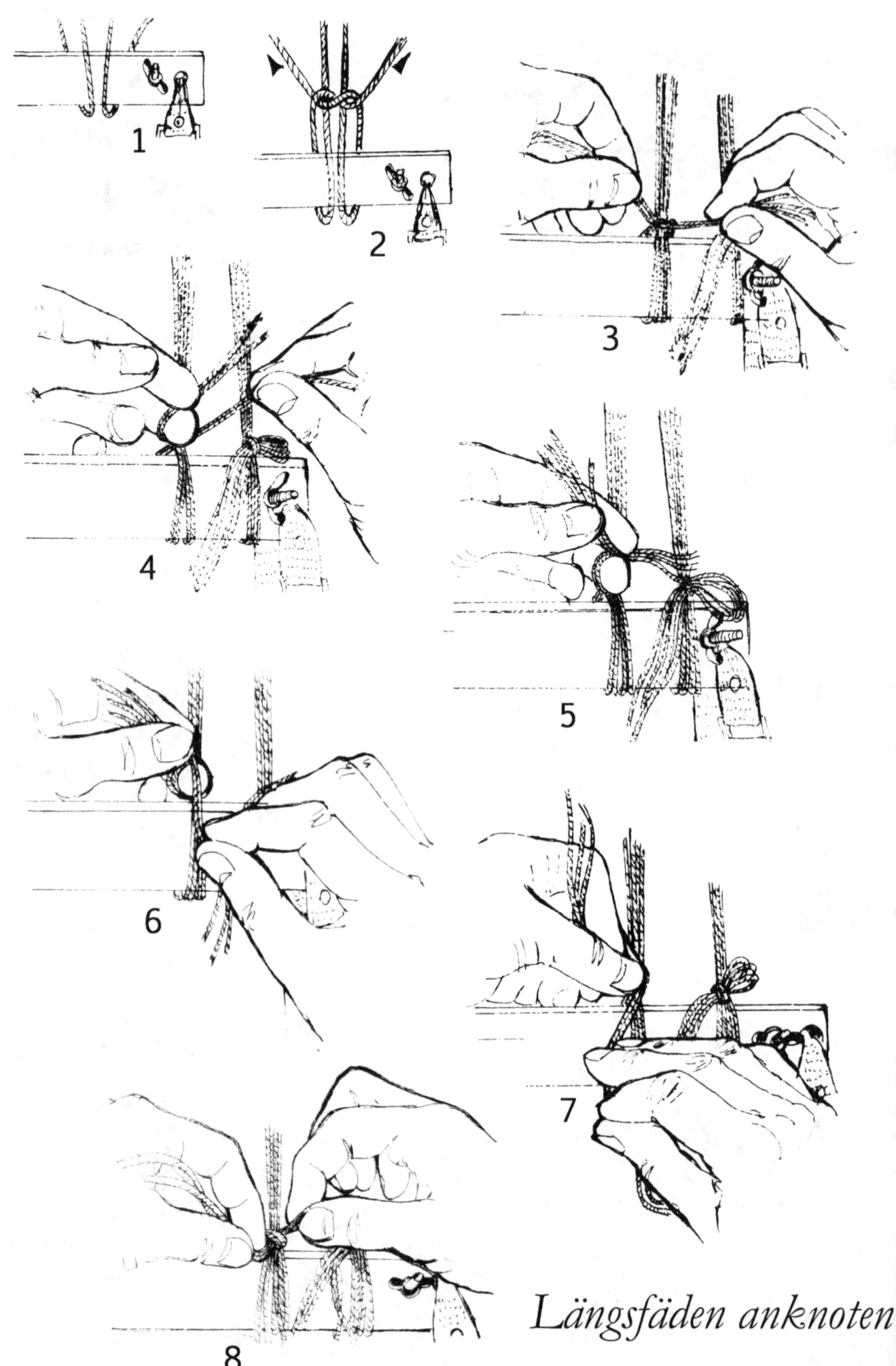

Längsfäden anknoten

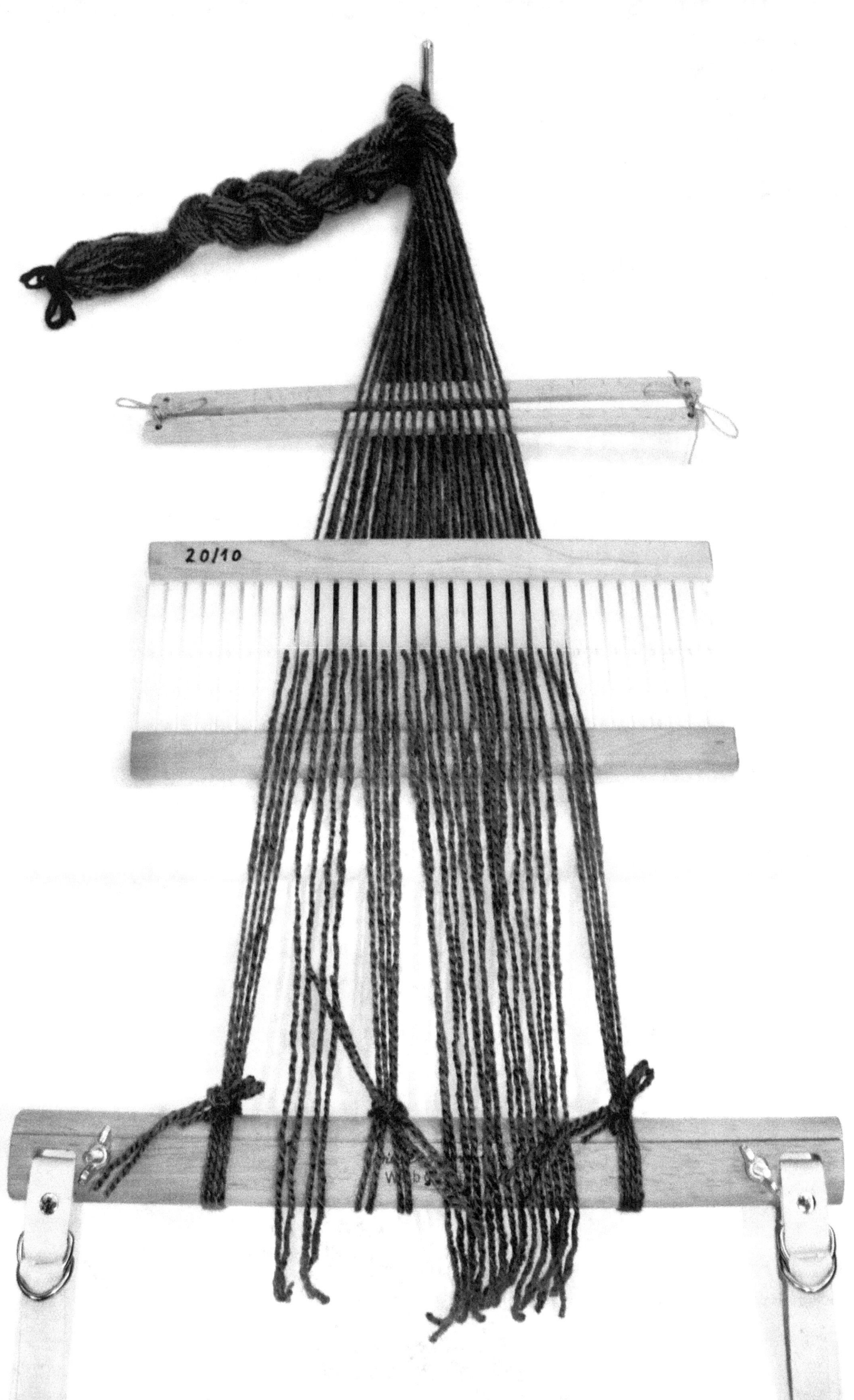

— rhythmisch-dynamisch weben —

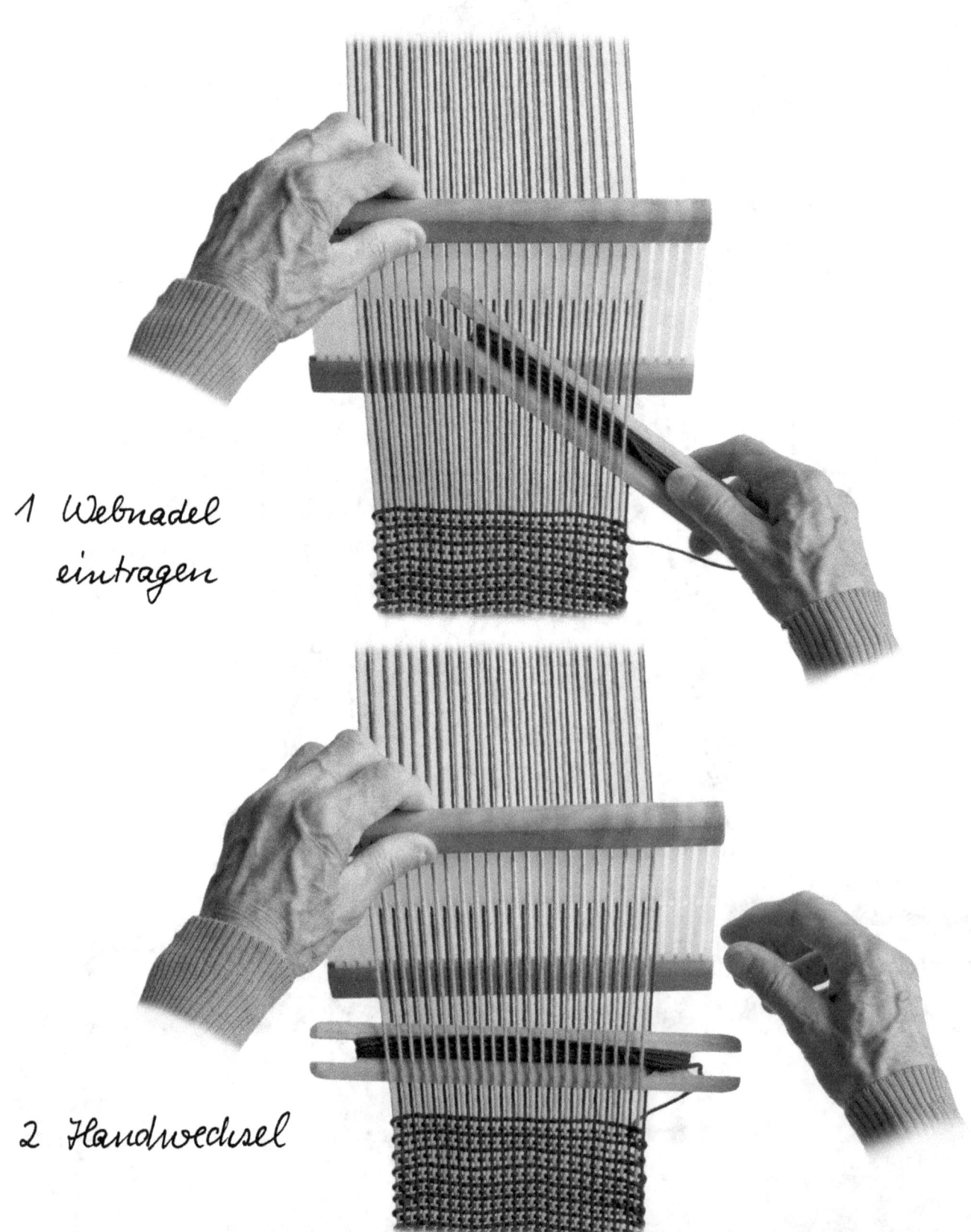

1 Webnadel eintragen

2 Handwechsel

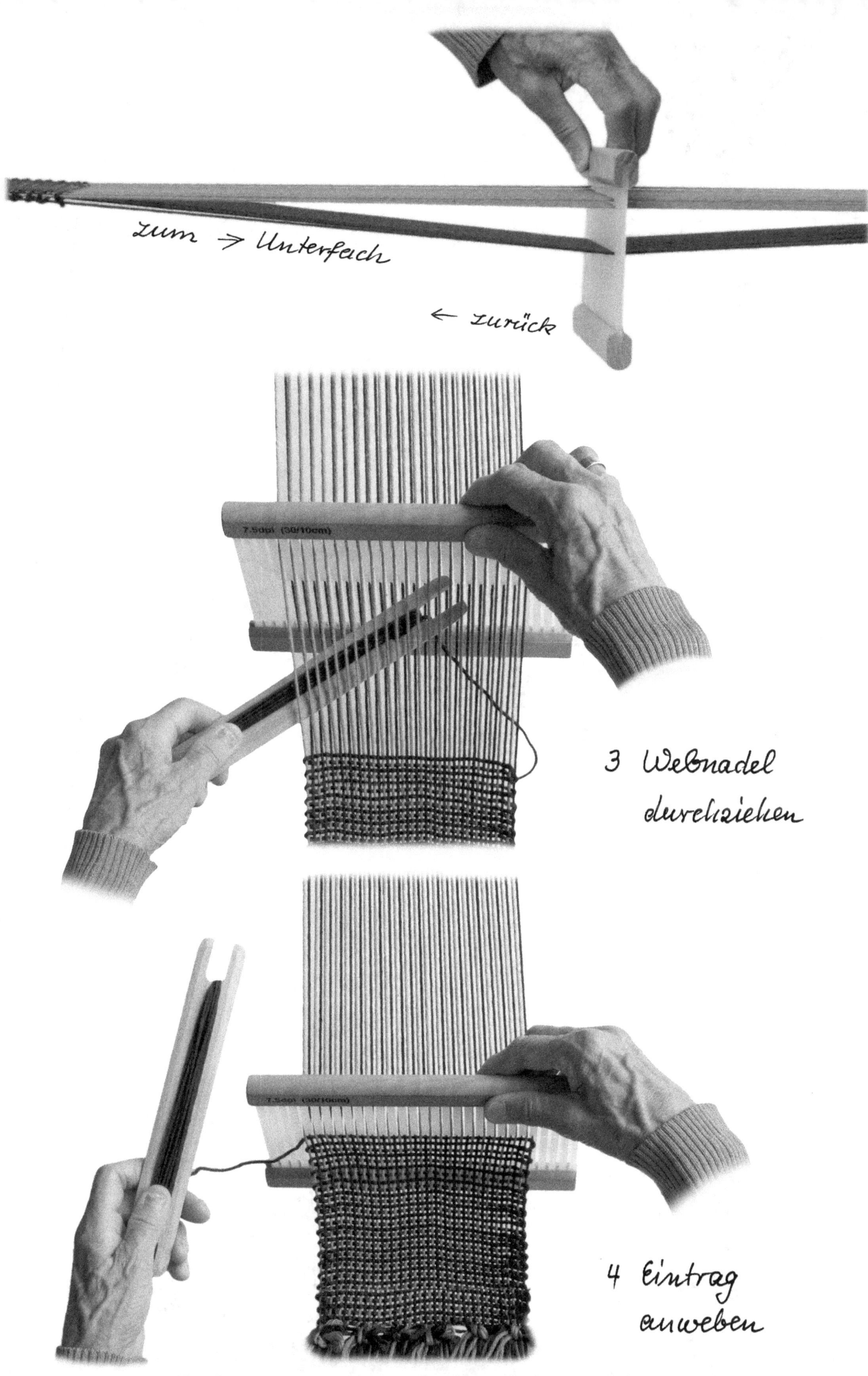

5 Webnadel eintragen

6 Handwechsel

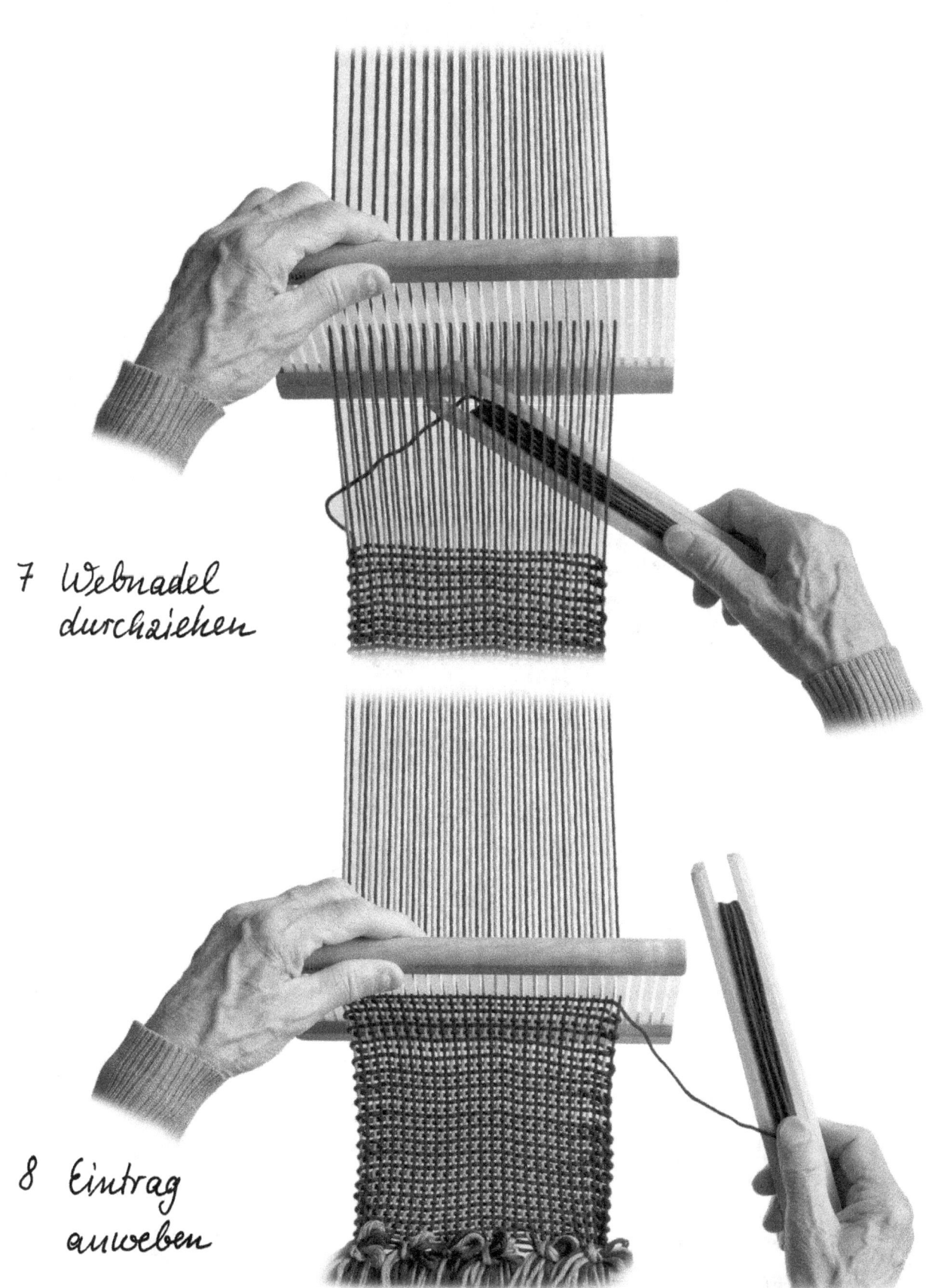

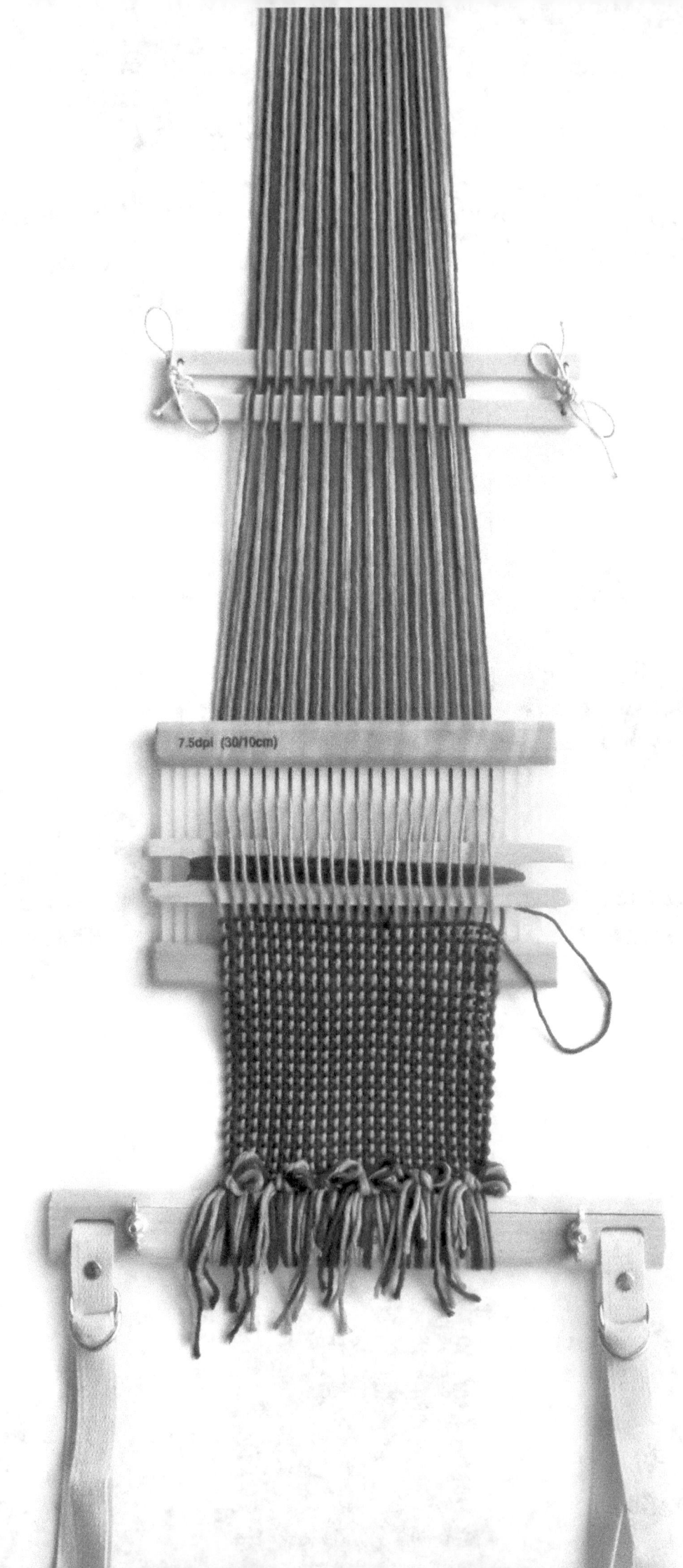

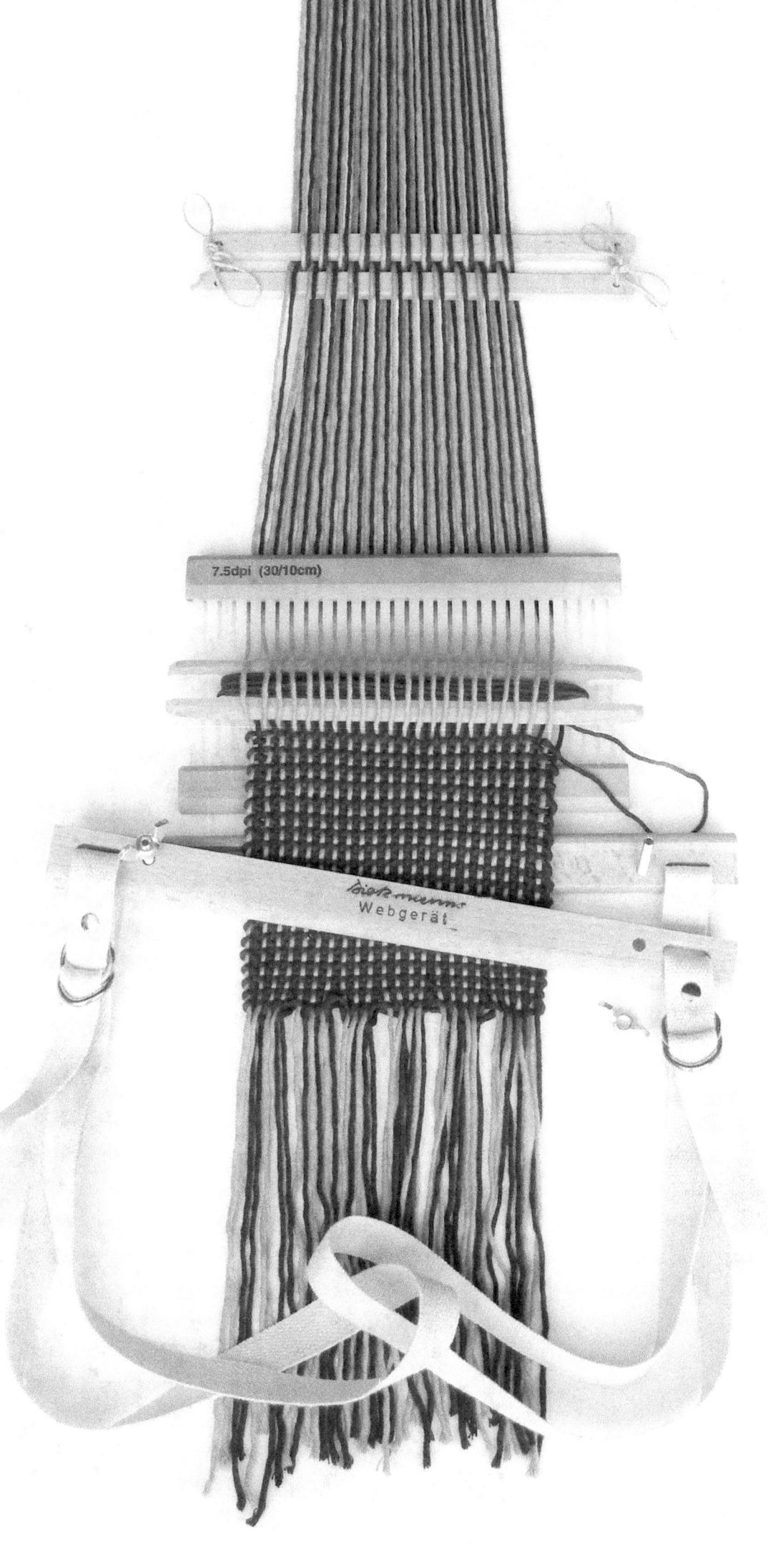

Webprobe 40/10

40 Fäden auf 10 cm

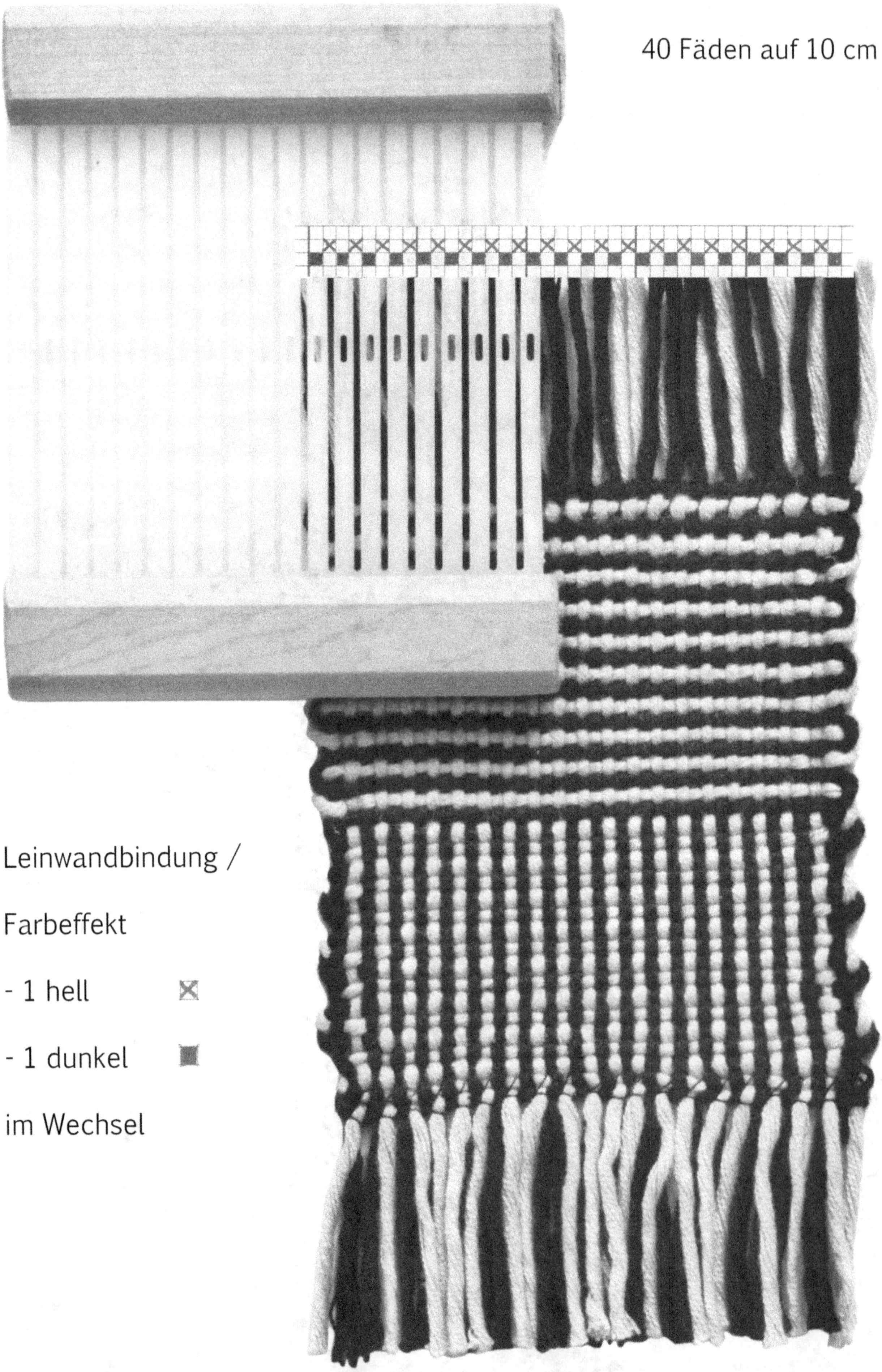

Leinwandbindung /

Farbeffekt

- 1 hell ⊠

- 1 dunkel ◼

im Wechsel

Webprobe 30/10

30 Fäden auf 10 cm

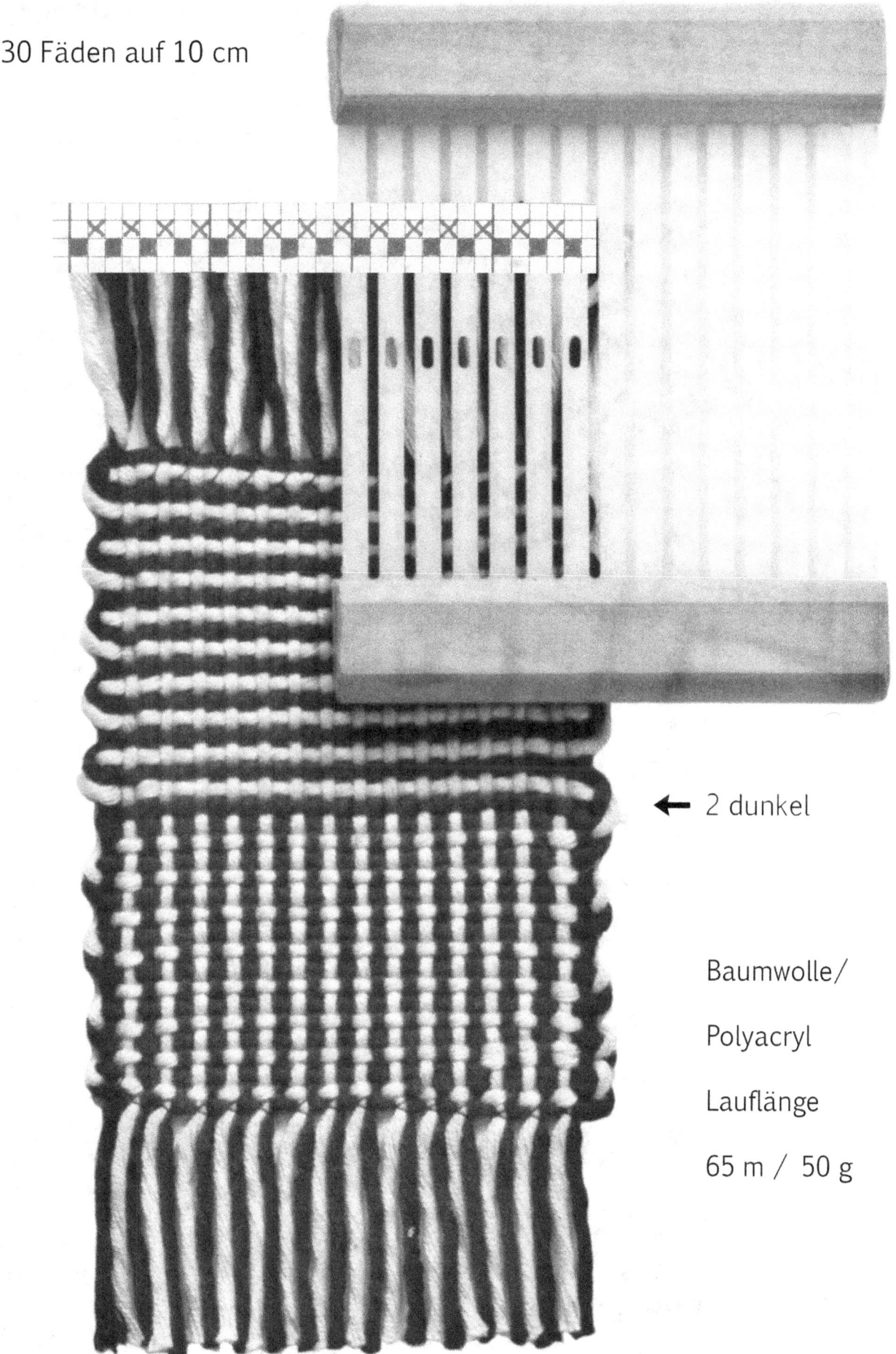

← 2 dunkel

Baumwolle/
Polyacryl
Lauflänge
65 m / 50 g

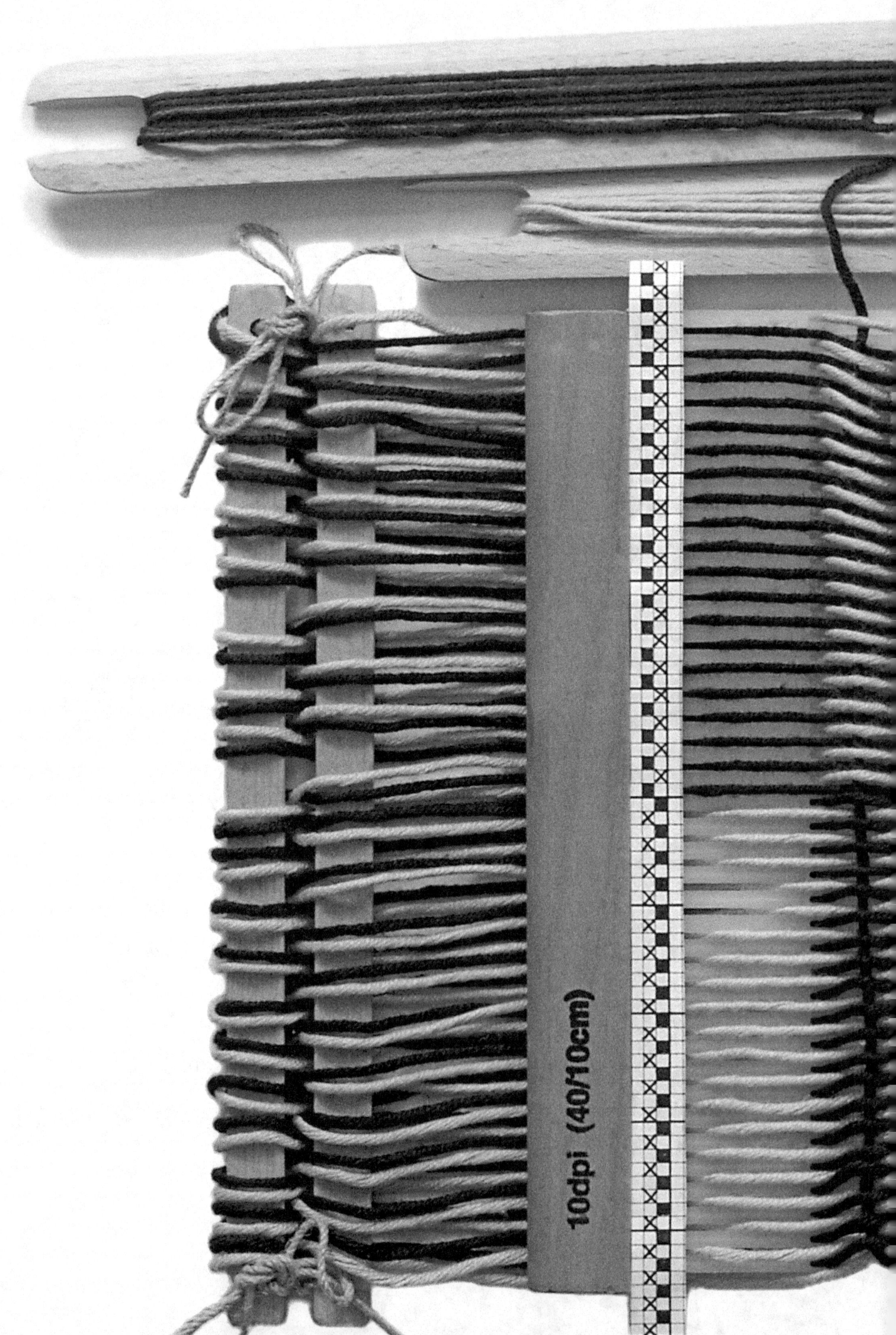

Flechtmuster

Eintrag 3 dunkel 1 hell im Wechsel

2 dunkel
↓

Flechtmuster

Eintrag 1 hell 1 dunkel im Wechsel

Material:

50% Baumwolle   50% Polyacryl

Lauflänge 80m/50g

↑ 2 dunkel

Eintrag 3 hell 1 dunkel im Wechsel

2 dunkel ↓

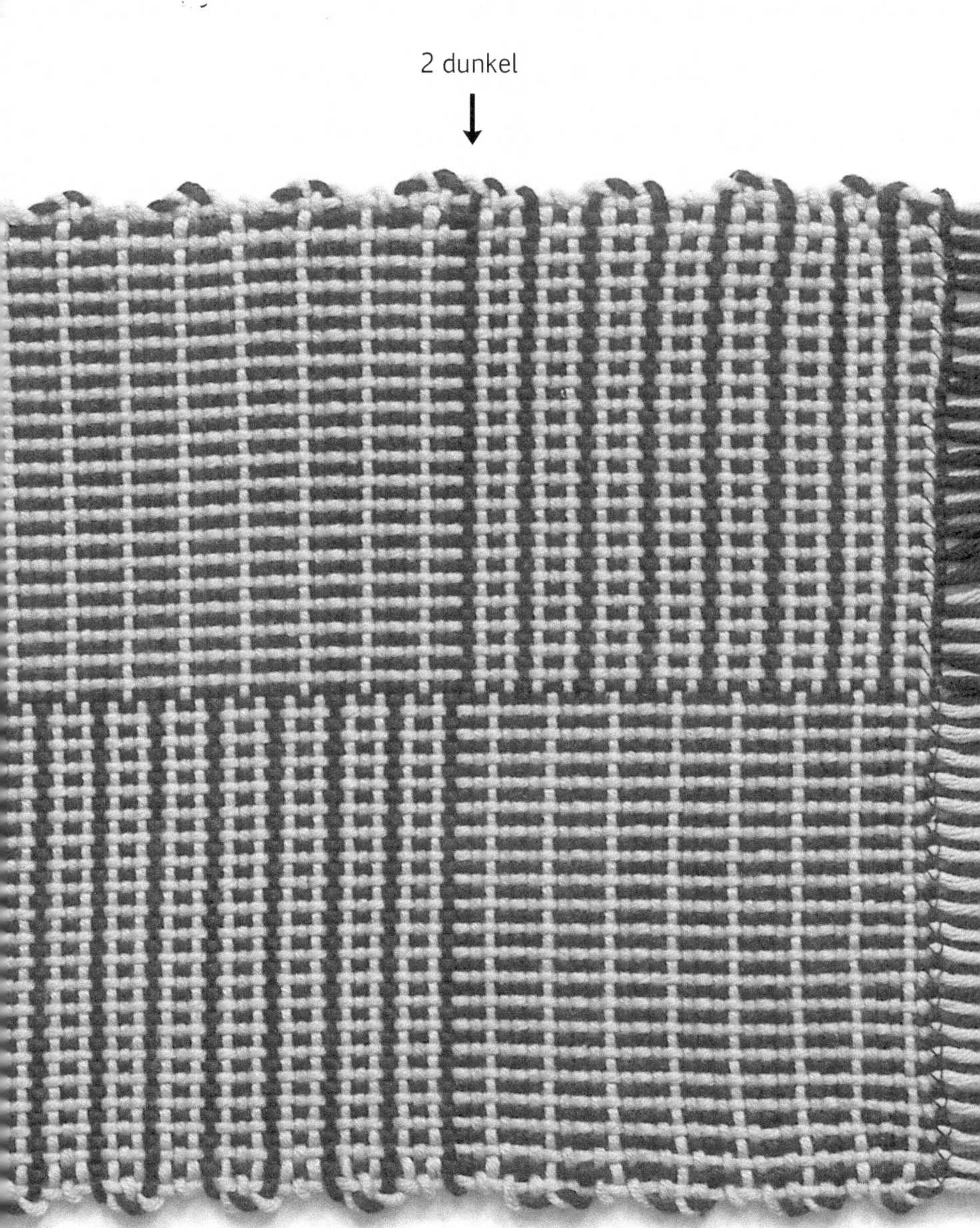

www.dreieichhainer-webrunde.de

Kurse in der Kunststätte Heinz und Christel Diekmann
Dreieichenhain
Spitalgasse 4
D-63303 Dreieich
06103 - 82825

Alle Teile des Webgerätes eigene Herstellung von Christel Diekmann

Verwendete Webgitter Fabrikat Ashford Handicrafts Ltd., Neuseeland

Layout und Foto "Webrunde"	Christel Diekmann
Zeichnungen	Heinz Diekmann
Fotos und Technische Umsetzung	Waltraud Luley

© 2010 Christel Diekmann
Alle Rechte vorbehalten

Jede Art der Vervielfältigung
ohne Genehmigung des Rechtsinhabers ist unzulässig.

ISBN 978-3-8391-4506-7

Bibliografische Information der Deutschen Nationalbibliothek
Die Deutsche Nationalbibliothek verzeichnet diese Publikation in der
Deutschen Nationalbibliografie; detaillierte bibliografische Daten
sind im Internet über http://dnb.d-nb.de abrufbar.

Herstellung und Verlag: Books on Demand GmbH, Norderstedt
http://www.bod.de

www.ingramcontent.com/pod-product-compliance
Lightning Source LLC
Chambersburg PA
CBHW081815220526
45470CB00006B/2320

ISBN 978-3-8391-4506-7

Schöne Aussicht.

Studentische Stadtentwicklungsprojekte im Einsatz auf der Straße

UNIVERSITÄT LEIPZIG

Semesterarbeit
Georg-Schumann-Straße #2